物性物理100問集

大阪大学 インタラクティブ物質科学・カデットプログラム
物性物理100問集出版プロジェクト 編

木村 剛
小林 研介
田島 節子
監修

大阪大学出版会

出版にあたって

　本書は，大阪大学博士課程教育リーディングプログラム「インタラクティブ物質科学・カデットプログラム」（平成24〜30年度）のアクティビティの一環として作成された，物性物理学の基礎事項を問う厳選した100問を収録する問題集です．同プログラムでは，大阪大学大学院における物質科学に関連する9つの専攻からプログラム履修生を選抜し，産・学・官といった幅広いセクターにおいて将来の物質科学研究・事業のイノベーションを牽引するリーダーとなりうる人材を養成しています．そのために同プログラムでは何段階かの試験 [Qualifying Examination (Q.E.)] を設けていますが，その第一段階 (1st Q.E.) として，プログラム履修生のうち物性物理を専門とする履修生に対し，将来，物性物理の知識を武器として学界や産業界などの社会に出てリーダー的人材となるうえで最低限必要であると考えられる基礎学力を保証するために，筆記形式の試験を課しています．1st Q.E. を受けるまでの約1年間，物性物理を主な専門とする履修生が基礎学力の復習および強化をするための問題集・参考書として配布してきたものが，本書の元になっています．

　平成25年度に履修を開始した第1期履修生に配布した初期の100問集は，本プログラムに参画する9つの専攻のうち物理系の専攻に所属する教員によって作成されたものでした．履修生が幅広い知識を身につけるよう，様々な分野の教科書や演習書を参考にし，独自に作成した問題も含めて，100の問題と簡単な解答例を履修生に提示しました．毎年度，1st Q.E. を通過した履修生から問題の不備・改善点を指摘してもらうことで，100問集を改善し，最後は出版をめざす計画でした．当初はあくまでも教員が改訂していく予定でしたが，多くの重要な改善案が履修生から提案され，さらには自分たち自身で問題集を作りたいという彼らの強い意欲を目の当たりにし，履修生に改訂を任せるべきだという判断に至りました．その結果，履修生自身による「物性物理100問集出版プロジェクト」が発足し，有志が中心となって100問集を毎年度改訂していく形となりました．その後，同様に1st Q.E. を通過した第2期の履修生も加わり，問題の難易度や不備に関するアンケート調査，また問題と解答例の分析および加筆修正を約2年半の間行ってきました．この1年間は特に，関連する複数の問題や重複のあった問題を統合するとともに，問題と解答例を大幅に加筆修正し，さらに約30問を履修生が中心となって新たに作成することで，改めて平成28年度版の100問集として編集しました．

　履修生主体の出版プロジェクトによって編集されたこの平成28年度版の中身を，我々教員があらためて見たところ，基礎物理から応用に渡ってバランスよく問題が選ばれ，履修生自身の手による問題が追加されているだけでなく，各問題が章ごとに分類されていました．また，解答例が丁寧で非常に充実しているだけでなく，問題文にも理解を助けるための工夫が加えられていることが分かりました．そのため，もはや出版できる段階にあると判断し，より多くの方に使って頂けるよう，大阪大学出版会より出版する運びとなった次第です．出版に際しては，関連する専攻の教員に改めて内容の検証をお願いし，それを踏まえて「物性物理100問集出版プロジェクト」のメンバーが再度改訂を行いました．また，各問題に題目を付し，それを踏まえてメンバーが章立てを改めて検討した後，最終的に現在の形となりました．本書は，様々な専門書を読み漁らなければ遭遇できないような質の高い100の問題が厳選され，充実した解答例と共に，1つの書籍としてまとめられたユニークな問題集であり，物性物理学を専門とする学生・大学院生の基礎学力の向上に大いに役立つものと確信する次第です．教員が当初予想もしていなかった学生自身による問題集の編纂・出版が実現し，現代日本における博士課程の学生の実力・潜在能力を誇らしく思うと同時に，未来への希望を強く感じます．

本書を手に取った方々にもそれを感じ取って頂ければ幸いです．

平成 28 年 9 月

大阪大学 インタラクティブ物質科学・カデットプログラム
プログラムコーディネイター　木村 剛

本書について

　本書は，大阪大学博士課程教育リーディングプログラム「インタラクティブ物質科学・カデットプログラム」の履修生に対して提供された問題集を，履修生自身がより良いものを目指して改訂・編纂したものであり，物性物理学の基礎事項を問う厳選した 100 問を収録しています．物性物理学を新たに志す学部生や専門外のトピックを学び直したい修士課程の学生に対して適切なレベルとなるように，問題の精査・精錬に同じ学生の立場から向き合ってきました．また，本書を手に取った学生が自力で問題の本質に辿り着けるよう，各問題に対して充実した解答例を掲載しています．専門書や演習書などで既に取り上げられている問題もありますし，大阪大学の教員の方々が自作された問題に手を加えたものも含まれています．物性物理の分野において，これまで蓄積されてきた良質な問題を厳選し，1 つの問題集としてまとめることが，これから物性物理学を学んでいく学生の助けになると考え，本書を編集しました．

　13 の章で構成された本書は，量子力学や統計力学といった物性物理学を学ぶ上で欠かせない基礎物理に関する諸問題から，各物性に関する標準的な問題，実験的な観点から各物性の測定方法を問う問題まで幅広い問題を網羅しています．中には，光学や材料工学の理解が必要とされる問題も掲載しており，日々目まぐるしく発展を遂げる物性物理学の基礎から応用までを多様な観点から学べるよう工夫を凝らした問題構成となっています．第 1 章では，物性物理学を学ぶ上で欠かせない量子力学・統計力学に関する問題を収録しています．物性物理学の背後にある物理の基礎から学びたい方は，この章から順番に問題を解き進めていくことをお薦めします．また第 1 章の最後では，物性物理学に現れる相対論に関する少し難易度の高い問題を掲載しました．第 2 章，第 3 章では結晶構造と X 線回折実験に関する問題を収録しています．逆格子ベクトルや Brillouin 領域といった初等的な問題から，結晶のステレオ投影法といった材料力学に関わる問題までを収録しています．第 4 章から第 12 章までは，電気伝導や光学応答，磁性といった物性物理学の個々のトピックに関する問題を章別に掲載しました．第 1 章から第 3 章までの基礎を十分におさえられている方には，自身の学びたいトピックの章から問題を解き進めることもお薦めです．より理解を深めることができるよう詳細な解答例を載せました．第 13 章では，物性物理学における様々な実験方法に関する問題を収録しています．物性理論を専攻している学生にも必要な実験の知識として，有効質量やバンドギャップを測定する手法を問う問題を掲載しました．

　本書を使用する学生が学びたい内容を探しやすいように，各問題に題目を付与しています．また，専門性が高い問題や大学院レベルの問題には † マークを付けました．マークのない問題を一通り解き終えたら，ぜひとも取り組んでみて下さい．

　最後に，我々プロジェクトメンバーと同じく物性物理学に魅力を感じ，その道を志す学生にとって，本書が少しでもその道程の助力となればと期待しています．

平成 28 年 9 月

大阪大学 インタラクティブ物質科学・カデットプログラム
物性物理 100 問集出版プロジェクト
プロジェクトリーダー　浅野 元紀

著者紹介

【編者】

大阪大学 インタラクティブ物質科学・カデットプログラム
物性物理100問集出版プロジェクト

浅野 元紀（あさの もとき）　プロジェクトリーダー
　大阪大学 大学院基礎工学研究科 物質創成専攻 物性物理工学領域 博士後期課程

足立 徹（あだち とおる）
　大阪大学 大学院理学研究科 物理学専攻 博士後期課程

上田 大貴（うえだ ひろき）
　大阪大学 大学院基礎工学研究科 物質創成専攻 物性物理工学領域 博士後期課程

臼井 秀知（うすい ひでとも）
　大阪大学 未来戦略機構第三部門 特任助教（常勤）

小倉 大典（おぐら だいすけ）
　大阪大学 大学院理学研究科 物理学専攻 博士後期課程

田中 清尚（たなか きよひさ）
　元 大阪大学 未来戦略機構第三部門 特任准教授（常勤）
　現在 分子科学研究所 准教授

田辺 賢士（たなべ けんじ）
　元 大阪大学 未来戦略機構第三部門 特任助教（常勤）
　現在 名古屋大学 大学院理学研究科 物質理学専攻 助教

中谷 泰博（なかたに やすひろ）
　大阪大学 大学院基礎工学研究科 物質創成専攻 物性物理工学領域 博士後期課程

中塚 和希（なかつか かずき）
　大阪大学 大学院工学研究科 マテリアル生産科学専攻 博士後期課程

馬場 基彰（ばんば もとあき）
　大阪大学 未来戦略機構第三部門 特任講師（常勤）

平野 嵩（ひらの たかし）
　大阪大学 大学院工学研究科 精密科学・応用物理学専攻 博士後期課程

【監修者】

木村 剛（きむら つよし）
　　大阪大学 大学院基礎工学研究科 物質創成専攻 物性物理工学領域 教授
　　1996 年 東京大学 工学系研究科 超伝導工学専攻 博士課程修了 博士（工学）
　　大阪大学 インタラクティブ物質科学・カデットプログラム プログラムコーディネーター

小林 研介（こばやし けんすけ）
　　大阪大学 大学院理学研究科 物理学専攻 教授
　　1998 年 東京大学 理学系研究科 物理学専攻 博士課程中退 1999 年 博士（理学）
　　大阪大学 インタラクティブ物質科学・カデットプログラム プログラム担当教員

田島 節子（たじま せつこ）
　　大阪大学 大学院理学研究科 物理学専攻 教授
　　1977 年 東京大学 工学部 物理工学科卒業 1988 年 工学博士
　　大阪大学 インタラクティブ物質科学・カデットプログラム プログラム担当教員

謝辞

　大阪大学 インタラクティブ物質科学・カデットプログラムに関わる以下の教員の方々に，多くの問題の原案を提示して頂き，独自に作成頂いた問題についても，僭越ながら手を加えさせて頂きました．また，我々が改訂した問題や解答例の内容を改めて検証して頂きました．この場をお借りして深く感謝を申し上げます．当然ながら，本書に掲載した多くの問題の原案は，物性物理学における先達の方々が作り上げられてきたものであり，それらによって我々自身より深い理解が得られたことを，後輩達のためにこの100問集をまとめることでもって感謝を示したいと考える次第です．

　飯島賢二特任教授には，プロジェクト推進に関する方針やスケジューリングなどについて適確なご教示を賜り，プロジェクト全体を支えて頂きました．この場を借りて感謝申し上げます．最後に，著作権問題に関する貴重な御助言を下さった大阪大学智適塾の先生方，プロジェクトメンバーの学生を様々な面からサポートしてくださったカデットプログラムの事務員の方々，このプロジェクトに協力していただいたすべての皆様へ，心から感謝の気持ちと御礼を申し上げます．

大阪大学 産業科学研究所
　　井上 恒一 准教授，大野 恭秀 特任准教授，小口 多美夫 教授，神吉 輝夫 准教授，
　　白井 光雲 准教授，田中 秀和 教授，松本 和彦 教授

大阪大学 大学院基礎工学研究科 システム創成専攻 電子光科学領域
　　酒井 朗 教授，浜屋 宏平 教授

大阪大学 大学院基礎工学研究科 物質創成専攻 物性物理工学領域
　　井元 信之 教授，木須 孝幸 准教授，北岡 良雄 教授，鈴木 義茂 教授，関山 明 教授，
　　藤本 聡 教授，水島 健 准教授，三輪 真嗣 准教授，椋田 秀和 准教授，山本 俊 准教授，
　　若林 裕助 准教授

大阪大学 大学院基礎工学研究科 物質創成専攻 未来物質領域
　　芦田 昌明 教授，草部 浩一 准教授，夛田 博一 教授，永井 正也 准教授，山田 亮 准教授，
　　吉田 博 教授

大阪大学 大学院基礎工学研究科附属 極限科学センター
　　加賀山 朋子 准教授，清水 克哉 教授

大阪大学 大学院工学研究科 精密科学・応用物理学専攻
　　森川 良忠 教授

大阪大学 大学院工学研究科 マテリアル生産科学専攻
　　藤原 康文 教授

大阪大学 大学院理学研究科 物理学専攻
　　野末 泰夫 教授，花咲 徳亮 教授

大阪大学 大学院理学研究科附属 先端強磁場科学研究センター
　　萩原 政幸 教授

京都大学 化学研究所
　　水落 憲和 教授

京都大学 大学院工学研究科 電子工学専攻
　　白石 誠司 教授

参考文献

物性物理全般

- Ashcroft, N. W. and Mermin, N. D. 『固体物理の基礎 上・I』 吉岡書店 1981 年
  （翻訳：松原武生，町田一成）

- Ashcroft, N. W. and Mermin, N. D. 『固体物理の基礎 上・II』 吉岡書店 1981 年
  （翻訳：松原武生，町田一成）

- Ashcroft, N. W. and Mermin, N. D. 『固体物理の基礎 下・I』 吉岡書店 1982 年
  （翻訳：松原武生，町田一成）

- Ashcroft, N. W. and Mermin, N. D. 『固体物理の基礎 下・II』 吉岡書店 1982 年
  （翻訳：松原武生，町田一成）

- Ibach, H. and Lüth, H. 『固体物理学 改訂新版』 丸善出版 2012 年
  （翻訳：石井力，木村忠正）

- Kittel, C. 『キッテル 固体物理学入門 上 第 8 版』 丸善出版 2005 年
  （翻訳：宇野良清，新関駒二郎，山下次郎，津屋昇，森田章）

- Kittel, C. 『キッテル 固体物理学入門 下 第 8 版』 丸善出版 2005 年
  （翻訳：宇野良清，新関駒二郎，山下次郎，津屋昇，森田章）

- 黒沢達美 『物性論 ―固体を中心とした―（改訂版）』 裳華房 2002 年

- 斯波弘行 『基礎の固体物理学』 培風館 2007 年

量子力学・統計力学

- 猪木慶治，川合光 『量子力学 I』 講談社 1994 年

- 猪木慶治，川合光 『量子力学 II』 講談社 1994 年

- 久保亮五 『大学演習 熱学・統計力学（修訂版）』 裳華房 1998 年

- Sakurai, J. J. and Napolitano, J. 『現代の量子力学（上）第 2 版』 吉岡書店 2014 年
  （翻訳：桜井明夫）

- Sakurai, J. J. and Napolitano, J. 『現代の量子力学（下）第 2 版』 吉岡書店 2015 年
  （翻訳：桜井明夫）

- 田崎晴明 『統計力学 I』 培風館 2008 年

- 田崎晴明 『統計力学 II』 培風館 2008 年

X 線回折

- Cullity, B. D. 『新版 X 線回折要論』 アグネ承風社 1999 年（翻訳：松村源太郎）

半導体

- 御子柴宣夫 『半導体の物理 改訂版』 培風館 1991 年
- 髙橋清, 山田陽一 『半導体工学 —半導体物性の基礎— 第 3 版』 森北出版 2013 年

磁性

- 近角聰信 『強磁性体の物理 上』 裳華房 1978 年
- 近角聰信 『強磁性体の物理 下』 裳華房 1984 年

超伝導

- Tinkham, M. 『超伝導入門 上』 吉岡書店 2004 年（翻訳：青木亮三, 門脇和男）
- Tinkham, M. 『超伝導入門 下』 吉岡書店 2006 年（翻訳：青木亮三, 門脇和男）

測定法

- 『丸善実験物理学講座 1 基礎技術 I 試料作製技術』 丸善 1999 年（編：小間篤）
- 『丸善実験物理学講座 2 基礎技術 II 実験環境技術』 丸善 1999 年（編：本河光博, 三浦登）
- 『丸善実験物理学講座 3 基礎技術 III 測定技術』 丸善 1999 年（編：小林俊一, 櫛田孝司）
- 『丸善実験物理学講座 4 試料作製技術』 丸善 2000 年（編：小間篤）
- 『丸善実験物理学講座 5 構造解析』 丸善 2001 年（編：藤井保彦）
- 『丸善実験物理学講座 6 磁気測定 I』 丸善 2000 年（編：近桂一郎, 安岡弘志）
- 『丸善実験物理学講座 7 磁気測定 II 共鳴型磁気測定』 丸善 2000 年（編：安岡弘志, 本河光博）
- 『丸善実験物理学講座 8 分光測定』 丸善 1999 年（編：菅滋正, 櫛田孝司）
- 『丸善実験物理学講座 9 レーザー測定』 丸善 2000 年（編：櫛田孝司）
- 『丸善実験物理学講座 10 表面物性測定』 丸善 2001 年（編：小間篤）
- 『丸善実験物理学講座 11 輸送現象測定』 丸善 1999 年（編：大塚洋一, 小林俊一）
- 『丸善実験物理学講座 12 実験環境技術』 丸善 2000 年（編：本河光博, 藤井保彦）

目次

† 付きの問題は，専門性が高い，もしくは大学院で学習する内容であることを意味している．物性物理学に関する基礎の復習を目的とする場合，これらの問題を後回しにするのも良い考えである．

問題

第 1 章　物性物理のための量子力学・統計力学・相対論　　3
- 問 1　量子力学における基底変換 3
- 問 2　立方体中に閉じ込められた自由粒子 3
- 問 3　ポテンシャル中の電子の振る舞い 3
- 問 4　量子力学における調和振動子† 4
- 問 5　変分法による波動関数の導出 5
- 問 6　1 次元非調和振動子の熱膨張係数 5
- 問 7　Bose 粒子と Fermi 粒子の波動関数 5
- 問 8　Bose 粒子と Fermi 粒子の統計性 5
- 問 9　ゴム弾性の統計力学による解析 6
- 問 10　表面吸着の統計力学による解析 6
- 問 11　物性物理学における相対論効果† 7

第 2 章　結晶構造　　9
- 問 12　結晶の結合メカニズム 9
- 問 13　分子性結晶とイオン結晶の凝集エネルギー 9
- 問 14　典型的な結晶構造 9
- 問 15　逆格子ベクトル 10
- 問 16　Brillouin 領域の体積 10
- 問 17　Brillouin 領域の描画 10
- 問 18　蜂の巣格子 10
- 問 19　構造相転移とドメイン† 11
- 問 20　結晶のステレオ投影† 11

第 3 章　X 線粒子線回折　　12
- 問 21　回折実験における粒子のエネルギースケール 12
- 問 22　結晶における回折条件 12
- 問 23　X 線回折における構造因子 12
- 問 24　結晶構造因子と消滅則 13
- 問 25　粉末と単結晶の X 線回折 13
- 問 26　回折パターンによる格子定数の同定 13
- 問 27　中性子線を用いた磁気回折† 14

第 4 章　格子振動　　15

問 28　フォノンの分散関係 15
問 29　Dulong–Petit の法則 15
問 30　音響フォノンと光学フォノン 15
問 31　Einstein モデルにおける格子比熱 15
問 32　Debye モデルにおける格子比熱 16
問 33　融解温度と Debye 温度 16

第 5 章　自由粒子　　17

問 34　Landau 準位 17
問 35　自由電子系の状態密度と体積弾性率 17
問 36　自由電子系の化学ポテンシャル 17
問 37　自由電子系の比熱 17
問 38　低温における電子の輸送現象† 18
問 39　ハーフメタルとセミメタル† 19
問 40　de Haas–van Alphen 効果を用いた Fermi 面の観測法† 19
問 41　3 次元系の Bose–Einstein 凝縮† 20
問 42　2 次元系の Bose–Einstein 凝縮† 20

第 6 章　金属・半導体中の自由電子　　21

問 43　Drude モデルにおける電気伝導 21
問 44　抵抗率による電子の物理量の推定 21
問 45　プラズマ振動 21
問 46　表面プラズマ振動 22
問 47　電子の電磁波応答における近似 22
問 48　Hall 効果による物理量の推定 23
問 49　Drude モデルにおける Hall 効果 23
問 50　サイクロトロン共鳴を用いた電子の有効質量の測定法 23
問 51　エントロピーと Seebeck 効果† 23

第 7 章　電子のエネルギーバンド　　25

問 52　物質中の多体問題とその近似† 25
問 53　Bloch の定理 25
問 54　Kronig–Penney ポテンシャル中の電子の運動† 26
問 55　2 次元正方格子における強束縛近似 26
問 56　蜂の巣格子におけるエネルギーバンド† 27
問 57　kp 摂動に基づくエネルギーバンド† 28
問 58　正八面体型結晶場による d 軌道のエネルギー分裂† 28

第 8 章　半導体　　30

問 59　半導体中の電子密度と正孔密度 30
問 60　pn 接合における空乏層 30
問 61　キャリアの移動度と拡散係数の関係式（Einstein の関係式） 31
問 62　半導体接合における Schottky 障壁 31
問 63　半導体の光吸収スペクトル† 31

第 9 章 誘電体・光学応答 — 32

- 問 64 誘電体の分類と焦電定数の対称性に基づく考察† 32
- 問 65 金属と半導体の誘電関数 32
- 問 66 複素電気感受率と Kramers–Kronig の関係† 33
- 問 67 時間に依存する摂動論と状態遷移 33
- 問 68 Maxwell 方程式における対称性† 34
- 問 69 点電荷と点光源が生成する電磁場 34
- 問 70 光の偏光と偏光子 35
- 問 71 物質境界における電磁波の屈折と反射 35
- 問 72 うなりの伝搬と波束の群速度 35
- 問 73 レーザーの発振原理† 35

第 10 章 相転移 — 36

- 問 74 秩序変数と相転移 36
- 問 75 ヘリウムの液化 36
- 問 76 高温相から低温相への 1 次相転移 36
- 問 77 合金における相転移† 36

第 11 章 磁性 — 38

- 問 78 帯磁率と磁化の温度依存性 38
- 問 79 磁気モーメントの熱力学的解析 38
- 問 80 常磁性体の帯磁率 38
- 問 81 1 軸異方性を有する反強磁性体† 38
- 問 82 マグノンの分散関係† 39
- 問 83 2 次元 Ising 模型と平均場近似 40
- 問 84 古典論における磁性（Bohr–van Leeuwen の定理） 40
- 問 85 スピン軌道相互作用と Landé の g 因子† 40
- 問 86 希土類金属の角運動量と磁性† 41
- 問 87 磁性イオンの磁気共鳴† 41
- 問 88 遷移金属における軌道角運動量† 41

第 12 章 超伝導 — 42

- 問 89 BCS 理論の定性的説明† 42
- 問 90 超伝導体の侵入長† 42
- 問 91 超伝導体における磁束の量子化† 42
- 問 92 超伝導体の分類と臨界磁場† 42
- 問 93 超伝導体における Cooper 対の形成機構† 43
- 問 94 Josephson 接合と超伝導リング† 44

第 13 章 測定法 — 45

- 問 95 有効質量の測定法 45
- 問 96 バンドギャップの決定法 45
- 問 97 核磁気共鳴法† 45
- 問 98 構造パラメータの解析法† 45
- 問 99 温度の測定法 45
- 問 100 光電子分光の原理† 45

解答例

第1章 物性物理のための量子力学・統計力学・相対論【解答例】　49
- 問1　量子力学における基底変換【解答例】　49
- 問2　立方体中に閉じ込められた自由粒子【解答例】　50
- 問3　ポテンシャル中の電子の振る舞い【解答例】　50
- 問4　量子力学における調和振動子【解答例】　52
- 問5　変分法による波動関数の導出【解答例】　53
- 問6　1次元非調和振動子の熱膨張係数【解答例】　54
- 問7　Bose粒子とFermi粒子の波動関数【解答例】　54
- 問8　Bose粒子とFermi粒子の統計性【解答例】　55
- 問9　ゴム弾性の統計力学による解析【解答例】　55
- 問10　表面吸着の統計力学による解析【解答例】　56
- 問11　物性物理学における相対論効果【解答例】　56

第2章 結晶構造【解答例】　59
- 問12　結晶の結合メカニズム【解答例】　59
- 問13　分子性結晶とイオン結晶の凝集エネルギー【解答例】　59
- 問14　典型的な結晶構造【解答例】　60
- 問15　逆格子ベクトル【解答例】　60
- 問16　Brillouin領域の体積【解答例】　61
- 問17　Brillouin領域の描画【解答例】　62
- 問18　蜂の巣格子【解答例】　63
- 問19　構造相転移とドメイン【解答例】　64
- 問20　結晶のステレオ投影【解答例】　65

第3章 X線粒子線回折【解答例】　66
- 問21　回折実験における粒子のエネルギースケール【解答例】　66
- 問22　結晶における回折条件【解答例】　66
- 問23　X線回折における構造因子【解答例】　68
- 問24　結晶構造因子と消滅則【解答例】　68
- 問25　粉末と単結晶のX線回折【解答例】　69
- 問26　回折パターンによる格子定数の同定【解答例】　69
- 問27　中性子線を用いた磁気回折【解答例】　70

第4章 格子振動【解答例】　72
- 問28　フォノンの分散関係【解答例】　72
- 問29　Dulong–Petitの法則【解答例】　73
- 問30　音響フォノンと光学フォノン【解答例】　73
- 問31　Einsteinモデルにおける格子比熱【解答例】　74
- 問32　Debyeモデルにおける格子比熱【解答例】　74
- 問33　融解温度とDebye温度【解答例】　75

第5章 自由粒子【解答例】　76
- 問34　Landau準位【解答例】　76
- 問35　自由電子系の状態密度と体積弾性率【解答例】　77
- 問36　自由電子系の化学ポテンシャル【解答例】　79

問 37	自由電子系の比熱【解答例】	80
問 38	低温における電子の輸送現象【解答例】	81
問 39	ハーフメタルとセミメタル【解答例】	82
問 40	de Haas–van Alphen 効果を用いた Fermi 面の観測法【解答例】	82
問 41	3 次元系の Bose–Einstein 凝縮【解答例】	83
問 42	2 次元系の Bose–Einstein 凝縮【解答例】	84

第 6 章　金属・半導体中の自由電子【解答例】　85

問 43	Drude モデルにおける電気伝導【解答例】	85
問 44	抵抗率による電子の物理量の推定【解答例】	85
問 45	プラズマ振動【解答例】	86
問 46	表面プラズマ振動【解答例】	86
問 47	電子の電磁波応答における近似【解答例】	87
問 48	Hall 効果による物理量の推定【解答例】	87
問 49	Drude モデルにおける Hall 効果【解答例】	89
問 50	サイクロトロン共鳴を用いた電子の有効質量の測定法【解答例】	89
問 51	エントロピーと Seebeck 効果【解答例】	90

第 7 章　電子のエネルギーバンド【解答例】　92

問 52	物質中の多体問題とその近似【解答例】	92
問 53	Bloch の定理【解答例】	92
問 54	Kronig–Penney ポテンシャル中の電子の運動【解答例】	93
問 55	2 次元正方格子における強束縛近似【解答例】	95
問 56	蜂の巣格子におけるエネルギーバンド【解答例】	97
問 57	kp 摂動に基づくエネルギーバンド【解答例】	98
問 58	正八面体型結晶場による d 軌道のエネルギー分裂【解答例】	99

第 8 章　半導体【解答例】　103

問 59	半導体中の電子密度と正孔密度【解答例】	103
問 60	pn 接合における空乏層【解答例】	105
問 61	キャリアの移動度と拡散係数の関係式（Einstein の関係式）【解答例】	106
問 62	半導体接合における Schottky 障壁【解答例】	107
問 63	半導体の光吸収スペクトル【解答例】	107

第 9 章　誘電体・光学応答【解答例】　108

問 64	誘電体の分類と焦電定数の対称性に基づく考察【解答例】	108
問 65	金属と半導体の誘電関数【解答例】	109
問 66	複素電気感受率と Kramers–Kronig の関係【解答例】	110
問 67	時間に依存する摂動論と状態遷移【解答例】	110
問 68	Maxwell 方程式における対称性【解答例】	111
問 69	点電荷と点光源が生成する電磁場【解答例】	112
問 70	光の偏光と偏光子【解答例】	113
問 71	物質境界における電磁波の屈折と反射【解答例】	113
問 72	うなりの伝搬と波束の群速度【解答例】	115
問 73	レーザーの発振原理【解答例】	115

第 10 章 相転移【解答例】 116

- 問 74　秩序変数と相転移【解答例】 116
- 問 75　ヘリウムの液化【解答例】 117
- 問 76　高温相から低温相への 1 次相転移【解答例】 117
- 問 77　合金における相転移【解答例】 117

第 11 章 磁性【解答例】 119

- 問 78　帯磁率と磁化の温度依存性【解答例】 119
- 問 79　磁気モーメントの熱力学的解析【解答例】 120
- 問 80　常磁性体の帯磁率【解答例】 121
- 問 81　1 軸異方性を有する反強磁性体【解答例】 122
- 問 82　マグノンの分散関係【解答例】 123
- 問 83　2 次元 Ising 模型と平均場近似【解答例】 124
- 問 84　古典論における磁性（Bohr–van Leeuwen の定理）【解答例】 125
- 問 85　スピン軌道相互作用と Landé の g 因子【解答例】 125
- 問 86　希土類金属の角運動量と磁性【解答例】 127
- 問 87　磁性イオンの磁気共鳴【解答例】 128
- 問 88　遷移金属における軌道角運動量【解答例】 131

第 12 章 超伝導【解答例】 132

- 問 89　BCS 理論の定性的説明【解答例】 132
- 問 90　超伝導体の侵入長【解答例】 132
- 問 91　超伝導体における磁束の量子化【解答例】 133
- 問 92　超伝導体の分類と臨界磁場【解答例】 133
- 問 93　超伝導体における Cooper 対の形成機構【解答例】 134
- 問 94　Josephson 接合と超伝導リング【解答例】 135

第 13 章 測定法【解答例】 136

- 問 95　有効質量の測定法【解答例】 136
- 問 96　バンドギャップの決定法【解答例】 136
- 問 97　核磁気共鳴法【解答例】 137
- 問 98　構造パラメータの解析法【解答例】 138
- 問 99　温度の測定法【解答例】 138
- 問 100　光電子分光の原理【解答例】 139

問題

第1章 物性物理のための量子力学・統計力学・相対論

問1 量子力学における基底変換

量子力学における基底変換について以下の問いに答えよ．

(1) 2組の完全規格直交系の基底変換を行う演算子 $\hat{U}$ が $\hat{U}^\dagger \hat{U} = \hat{I}$ を満足することを示せ．ここで $\hat{I}$ は恒等演算子である．

(2) 位置空間における波動関数 $\psi(x)$ から運動量空間における波動関数 $\psi(p)$ への変換が Fourier 変換となっていることを示せ．ここで運動量演算子 $\hat{p}$ の定義から，

$$\hat{p}\,|j\rangle = \int \left(-\mathrm{i}\hbar \frac{\partial}{\partial x'} \langle x'|j\rangle \right) |x'\rangle \, \mathrm{d}x'$$

が成立することを用いてよい．

問2 立方体中に閉じ込められた自由粒子

一辺の長さ L の立方体の中の自由粒子を考える．粒子が従う Schrödinger 方程式は，

$$-\frac{\hbar^2}{2m}\left(\frac{\partial^2}{\partial x^2} + \frac{\partial^2}{\partial y^2} + \frac{\partial^2}{\partial z^2}\right)\psi(x,y,z) = E\psi(x,y,z)$$

で与えられる．これに関して以下の問いに答えよ．

(1) 周期境界条件 $\psi(x+L,y,z) = \psi(x,y+L,z) = \psi(x,y,z+L) = \psi(x,y,z)$ の下での波動関数およびエネルギー固有値を求めよ．

(2) 壁面で $\psi(x,y,z) = 0$ という境界条件の下での波動関数およびエネルギー固有値を求めよ．

(3) エネルギーが E 以下である状態の数は，上記のどちらの境界条件を用いても変わらないことを確認せよ．ただし，整数値 (n_x, n_y, n_z) を用いて，

$$E = E_0 \left(n_x{}^2 + n_y{}^2 + n_z{}^2 \right)$$

と定義される定数 E_0 に対し，$E/E_0 \gg 1$ が成り立つと仮定してよい．

問3 ポテンシャル中の電子の振る舞い

ポテンシャル中の電子の振る舞いについて以下の問いに答えよ．

(1) π 共役系が完全に連なった長さ L の直鎖分子内の電子の振る舞いを記述する最も簡単な模型として，幅 L の1次元井戸型ポテンシャルに閉じ込められた自由電子を考える．井戸が無限に深い場合の Schrödinger 方程式を解いて，波動関数およびエネルギー固有値を求めよ．また，電子励起による吸光波長と鎖状分子の長さの関係を定性的に議論せよ．

第1章 物性物理のための量子力学・統計力学・相対論

(2) 走査型トンネル顕微鏡 (Scanning Tunneling Microscope, STM) とは，金属探針を試料に近づけた際に探針と試料との間に流れるトンネル電流を検出することにより，試料表面の状態を原子スケールで観察する装置である．この原理となるトンネル現象について考える．1次元の箱型ポテンシャル障壁，

$$V(x) = \begin{cases} V_0 & (0 \leq x \leq L) \\ 0 & (その他) \end{cases}$$

に入射する電子の透過率 T を求めよ．ただし，障壁の高さ V_0 と電子のエネルギー E は，$0 < E < V_0$ を満たし，電子は $x = -\infty$ から正の方向に入射するものとする．

(3) 水素様原子のエネルギー準位は，主量子数 n にのみ依存し，同じ主量子数で異なる角運動量子数 l を持つ状態は縮退している．ところが，実際の原子では，$1s, 2s, 2p, 3s, 3p, 4s, 3d, 4p,$ $\ldots$ の順に占有されることが知られている．この理由を簡潔に説明せよ．

問4　量子力学における調和振動子†

原子核の位置のずれを伴う電子の遷移を考える．ずれる前後での核によるポテンシャルが，平衡位置が λ だけずれた同じ1次元調和振動子のポテンシャルで与えられる場合について考える．すなわち，

$$V_1(x) = \frac{1}{2}m\omega^2 x^2$$
$$V_2(x) = \frac{1}{2}m\omega^2 (x-\lambda)^2$$

調和振動子ポテンシャル V_1 の n 番目の電子状態の波動関数を $\chi_n(x)$ として (基底状態は $n=0$)，以下の問いに答えよ．

(1) 並進移動演算子 $\hat{U}(\lambda) \equiv \exp(\lambda \frac{d}{dx})$ を用いて，平衡位置が λ だけずれた調和振動子ポテンシャル V_2 の波動関数 $\chi_n(x-\lambda)$ を $\chi_n(x)$ を用いて表せ．

(2) 生成消滅演算子を以下のように定義する．

$$\hat{a}^\dagger = \sqrt{\frac{m\omega}{2\hbar}}\hat{x} - \frac{i}{\sqrt{2\hbar m\omega}}\hat{p}$$
$$\hat{a} = \sqrt{\frac{m\omega}{2\hbar}}\hat{x} + \frac{i}{\sqrt{2\hbar m\omega}}\hat{p}$$

このとき，以下の関係式を示せ．

$$e^{b(\hat{a}^\dagger - \hat{a})} = e^{b\hat{a}^\dagger} e^{-b\hat{a}} e^{(b^2/2)[\hat{a}^\dagger, \hat{a}]}$$

以下の関数を定義し，$t=1, \hat{A} = b\hat{a}^\dagger, \hat{B} = -b\hat{a}$ のときの $g(t)$ を得ることで証明を行え．

$$f(t) \equiv e^{t\hat{A}} e^{t\hat{B}} \equiv e^{g(t)}$$
$$g(t) = \ln\left[e^{t\hat{A}} e^{t\hat{B}}\right]$$

(3) 調和振動子ポテンシャル V_2 の基底状態から，調和振動子ポテンシャル V_1 の n 番目の励起状態への遷移確率が以下で与えられることを示せ．これは Franck–Condon 因子と呼ばれる．ある演算子 $\hat{A}$ による電子の遷移確率は通常 $|\langle\psi|\hat{A}|\psi'\rangle|^2$ となるが，特殊な状況下 (Franck 近似) においては，Franck–Condon 因子に比例する．

$$\left|\int_{-\infty}^\infty \chi_n^*(x)\chi_0(x-\lambda)\right|^2 = e^{-m\omega\lambda^2/2\hbar}\frac{(m\omega\lambda^2/2\hbar)^n}{n!}$$

問5　変分法による波動関数の導出

1次元非調和振動子について変分法で議論する．定数を A としてポテンシャルを $V(x) = Ax^4$ とする．試行関数は以下のようにおくものとする．

$$\psi_0(x) = e^{-\frac{1}{2}\alpha x^2}$$

ただし，α は変分パラメータである．このときの基底状態のエネルギーの近似的な表式と波動関数を求めよ．また，必要であれば n を自然数として以下の積分公式を用いてもよい．

$$\int_{-\infty}^{\infty} x^{2n} e^{-\alpha x^2}\,dx = \frac{(2n-1)!!}{2^n \alpha^n}\sqrt{\frac{\pi}{\alpha}}$$

問6　1次元非調和振動子の熱膨張係数

単位胞に原子1つのみを含む1次元結晶を考える．絶対零度での原子間距離からの変位 x に対し，原子間ポテンシャルが $U(x) = cx^2 - gx^3 - fx^4$ で表わされる非調和項を持つとき (c, g, f は正の定数)，熱膨張係数を古典統計力学にしたがって導出せよ．ここで，熱膨張係数は x の平均値 $\langle x \rangle$ に対して $\kappa = d\langle x \rangle/dT$ で与えられる．ただし，非調和項のエネルギーが $k_B T$ よりも十分小さいと仮定して，g, f について1次の次数まで求めよ．

問7　Bose粒子とFermi粒子の波動関数

3次元空間における全ての粒子は Fermi 粒子と Bose 粒子に分類することができる．今，同種の2つの粒子が存在することを仮定し，系全体の波動関数を $\psi(\boldsymbol{r}_1, \boldsymbol{r}_2)$ とする．このとき，同種の2つの粒子の位置を交換する演算子を $\hat{T}$ とする．$\hat{T}$ を作用させた場合，2つが同種の粒子であるため区別ができず，$\hat{T}\psi(\boldsymbol{r}_1, \boldsymbol{r}_2) = \alpha \psi(\boldsymbol{r}_1, \boldsymbol{r}_2) = \psi(\boldsymbol{r}_2, \boldsymbol{r}_1)$ (α は定数) となる．

(1) α を求めよ．

(2) 今，2つの粒子がそれぞれ状態 ψ_1, ψ_2 を占有している場合を考える．Fermi 粒子，Bose 粒子が満たす α を求めよ．

問8　Bose粒子とFermi粒子の統計性

粒子がどのような分布に従うかは，物性を左右する要因となる．ここでは，量子理想気体の各エネルギー準位の占有数がどのように記述されるかを見ていくことにする．i 番目の1粒子状態のエネルギーを ϵ_i，状態 i を占める粒子数を n_i とする．このとき，全粒子数 N は $N = \sum_i n_i$ で与えられる．β を逆温度，μ を化学ポテンシャルとする．粒子の統計性 (フェルミオン/ボソン) に応じて，n_i のとりうる値が異なることに注意して以下の問いに答えよ．

(1) 粒子が Fermi 統計に従う場合，大分配関数 Ξ が，

$$\Xi = \prod_i \left[1 + e^{-\beta(\epsilon_i - \mu)}\right]$$

となり，状態 i にある粒子数の期待値が，

$$\langle n_i \rangle = \left[e^{\beta(\epsilon_i - \mu)} + 1\right]^{-1}$$

となることを示せ．

(2) 粒子が Bose 統計に従う場合, 大分配関数 Ξ が,

$$\Xi = \prod_i \left[1 - e^{-\beta(\epsilon_i - \mu)}\right]^{-1}$$

となり, 状態 i にある粒子数の期待値が,

$$\langle n_i \rangle = \left[e^{\beta(\epsilon_i - \mu)} - 1\right]^{-1}$$

となることを示せ.

問 9　ゴム弾性の統計力学による解析

理想的なゴム弾性のモデルを考え, 負の膨張率について考察する. 図 1.1 のように N 個の要素からなる長さ x の 1 次元ゴムを考える. ここで, このゴムは長さ a ごとに折れ曲がることができるとする. このモデルにおけるエントロピーを計算し, 張力 X を温度 T とゴムの長さ x を用いて表せ. このとき, $n \gg 1$ なる整数 n に対して Stirling の公式 ($\ln n! \approx n \ln n - n$) を用いてよい. なお, 張力 X は Helmholtz の自由エネルギー F を用いて,

$$X = \left(\frac{\partial F}{\partial x}\right)_T$$

と書くことができる. また張力一定の条件では温度上昇に伴いゴムが縮むことを確認せよ. このとき $x \ll Na$ を用いてよい.

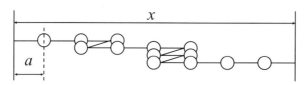

図 1.1: 高分子ゴムのモデル図

問 10　表面吸着の統計力学による解析

表面吸着に関する模型の 1 つとして以下の系を考える. 気体分子を吸着することができるサイト (吸着サイト) が N_s 個あるような面が, 圧力 P, 温度 T, 化学ポテンシャル μ の理想気体と接触しているとする. 吸着サイトは独立であり, 気体分子 1 つあたりの吸着のエネルギーを $-\epsilon_0$ として, 以下の問いに答えよ.

(1) N_s 個の吸着サイトのうち N 個が占有されているとして, (吸着分子数を固定した場合の) 分配関数 Z_N を求めよ.

(2) 大分配関数 Ξ および, 吸着分子数の期待値 $\langle N \rangle$ を求めよ. また, 被覆率 $\theta = \langle N \rangle / N_s$ を圧力 P の関数として書き表し, その振る舞いを図示せよ. ただし, 理想気体の圧力が, 長さの次元を持つ量 $\lambda = (2\pi\hbar^2\beta/m)^{1/2}$ を使って, $P = e^{\beta\mu}/\beta\lambda^3$ と表されることを用いてよい.

問 11　物性物理学における相対論効果[†]

物性物理学に現れる相対論効果について考察する．以下の問いに答えよ．

(1) 物性物理学において相対論効果が現れている例を挙げよ．

(2) 相対論的に振る舞う 1 電子の量子力学に関して，以下の問いに答えよ．

　(a) 非相対論では，ポテンシャル V の下でのエネルギーは，$E = p^2/2m + V$ で与えられる．力学変数を，

$$p^0 = \frac{E}{c} \to i\hbar \frac{\partial}{\partial x^0}, \quad p^j \to -i\hbar \frac{\partial}{\partial x^j}$$

のように演算子に対応させたものを，波動関数 $\psi(t, \boldsymbol{x})$ に作用させることで，Schrödinger 方程式が得られる．ここで，$p^\mu = (p^0, \hat{\boldsymbol{p}})$, $x^\mu = (ct, \boldsymbol{x})$ である．

相対論的なエネルギーの表式，

$$\left(\frac{E}{c}\right)^2 = m^2 c^2 + \boldsymbol{p}^2$$

に対しても同様にして，相対論的に振る舞う粒子が満たす方程式 (Klein–Gordon 方程式) を導出せよ．

　(b) Schrödinger 方程式は時間について 1 階，空間について 2 階の微分方程式である．Klein–Gordon 方程式は，時間微分を 2 階にすることで，相対論的な変換性を正しく取り入れたものである．これに対して，空間微分を 1 階にすることで，相対論的な拡張を行ったものが Dirac 方程式である．

空間微分の階数を減らすには，ψ の成分を増やせばよいことを踏まえて，ψ が N 成分あるものとする：

$$\psi(x) = \begin{pmatrix} \psi_1(x) \\ \psi_2(x) \\ \vdots \\ \psi_N(x) \end{pmatrix}$$

空間に関して 1 階の微分であることから，

$$\frac{i\hbar}{c} \frac{\partial \psi(t, \boldsymbol{x})}{\partial t} = \left(-i\hbar \hat{\alpha}^j \frac{\partial}{\partial x^j} + mc\hat{\beta}\right) \psi(t, \boldsymbol{x})$$

と表すことにする（j について和をとっていることに注意）．ここで，$\hat{\alpha}^j, \hat{\beta}$ は $N \times N$ の Hermite 行列である．これに対して，相対論的なエネルギーと運動量の関係式である Klein–Gordon 方程式を満たすことを要請する．この要請を満たすための条件を行列 $\hat{\alpha}^j, \hat{\beta}$ を用いて表せ．

　(c) N は 4 以上の偶数でなければならないことを証明せよ．

　(d) ここまでの議論により，Dirac 方程式が，

$$i\hbar \frac{\partial \psi}{\partial t} = \hat{\mathcal{H}} \psi, \quad \hat{\mathcal{H}} = c\hat{\boldsymbol{\alpha}} \cdot \hat{\boldsymbol{p}} + mc^2 \hat{\beta}$$

で表されることが分かった．ただし，$\hat{\alpha}^j, \hat{\beta}$ は 4×4 行列で，その選び方には任意性があるが，

$$\hat{\boldsymbol{\alpha}} = \begin{pmatrix} 0 & \hat{\boldsymbol{\sigma}} \\ \hat{\boldsymbol{\sigma}} & 0 \end{pmatrix}, \quad \hat{\beta} = \begin{pmatrix} \hat{I} & 0 \\ 0 & -\hat{I} \end{pmatrix}$$

ととることができる．これを Dirac–Pauli 表現という．ここで $\hat{\sigma}$ は Pauli 行列，$\hat{I}$ は 2×2 の単位行列である．また，外場がある場合は，

$$\mathrm{i}\hbar\frac{\partial}{\partial t} \to \mathrm{i}\hbar\frac{\partial}{\partial t} - \phi, \quad \hat{\boldsymbol{p}} \to \hat{\boldsymbol{p}} - q\hat{\boldsymbol{A}}$$

と置き換えればよい．ここで $\phi, \hat{\boldsymbol{A}}$ は外場のスカラーポテンシャル，ベクトルポテンシャルをそれぞれ表す．

以下では，定常状態での Dirac 方程式に非相対論近似を行う．ただし，簡単のため，$\hat{\boldsymbol{A}} = \boldsymbol{0}$ とし，$q\phi = V(\boldsymbol{x}) = V(r), r = |\boldsymbol{x}|$ とする．Dirac–Pauli 表現を採用し，$\varepsilon, V(r) \ll mc^2$ とすることで，最低次のみを残す近似で，通常の Schrödinger 方程式が得られることを示せ．ただし，Pauli 行列の性質，

$$\hat{\boldsymbol{\sigma}} \cdot \boldsymbol{a}\, \hat{\boldsymbol{\sigma}} \cdot \boldsymbol{b} = \boldsymbol{a} \cdot \boldsymbol{b} + \mathrm{i}\hat{\boldsymbol{\sigma}} \cdot (\boldsymbol{a} \times \boldsymbol{b})$$

を用いてもよい．

(e) 上問に加えて最低次の相対論的補正を考慮することで，解くべき固有値問題が，

$$\hat{\mathcal{H}}\psi_{\mathrm{NR}} = \varepsilon\psi_{\mathrm{NR}}, \quad \hat{\mathcal{H}} = \hat{\mathcal{H}}_{\mathrm{NR}} + \hat{\mathcal{H}}'$$

$$\hat{\mathcal{H}}_{\mathrm{NR}} = \frac{\hat{\boldsymbol{p}}^2}{2m} + V, \quad \hat{\mathcal{H}}' = -\frac{\hat{\boldsymbol{p}}^4}{8m^3c^2} - \frac{\hbar^2}{8m^2c^2}\nabla \cdot \boldsymbol{E} + \frac{\hbar}{2m^2c^2}\frac{1}{r}\frac{\mathrm{d}V}{\mathrm{d}r}\hat{\boldsymbol{S}} \cdot \hat{\boldsymbol{L}}$$

とできることを示せ．ここで $\boldsymbol{E} = -\nabla V(r)$ と定義し，$\hat{\boldsymbol{S}}$ はスピン角運動量，$\hat{\boldsymbol{L}}$ は軌道角運動量である．非相対論ではエネルギー固有値には静止質量が含まれないので，$E = mc^2 + \varepsilon$ とした表記を用いた．ただし，規格化条件を満たすように ψ_{NR} を定義する必要があることに注意せよ．

第2章 結晶構造

問12 結晶の結合メカニズム

結晶における結合のメカニズムについて以下の問いに答えよ．

(1) 結晶における結合のメカニズムは大きく5つに分けることができる．Na, KCl, SiC, H$_2$O, Ar からなる結晶に対して，それぞれの主たる結合の種類を述べよ．

(2) 固体の凝集エネルギー (0 K, 1気圧の固体を基底状態にあるばらばらの中性原子にするのに要するエネルギー) のおおよその大きさは，結合のメカニズムによって決定づけられる．Ne, K, Si からなる結晶について，1原子あたりの凝集エネルギーを大小の順に並べ替えよ．

問13 分子性結晶とイオン結晶の凝集エネルギー

分子性結晶およびイオン結晶に対する凝集エネルギーについて以下の問いに答えよ．

(1) Lennard-Jones の 6-12 ポテンシャル，

$$u(r) = 2\varepsilon \left[A_{12} \left(\frac{\sigma}{r} \right)^{12} - A_6 \left(\frac{\sigma}{r} \right)^6 \right]$$

を仮定し，分子性結晶について最隣接原子間距離の平衡値 r_0 と凝集エネルギー u_0 を σ と ε の関数として求めよ．

(2) $\pm q$ の電荷を有する $2N$ 個のイオンからなるイオン結晶を考える．このイオン結晶のポテンシャルエネルギーは，

$$u(r) = N \left[Z\lambda e^{-r/\rho} - \frac{\alpha q^2}{4\pi\epsilon_0 r} \right]$$

で与えられる．ここで Z は最近接イオン数，α は Madelung 定数，λ と ρ は経験的に与えられるパラメータである．最近接イオン間距離の平衡値を r_0 として凝集エネルギー u_0 を $N, \alpha, q, r_0, \epsilon_0, \rho$ のみを用いて表現せよ．

問14 典型的な結晶構造

結晶構造について以下の問いに答えよ．

(1) 原子が剛体球であると仮定し，これらを，単純立方格子，体心立方格子，面心立方格子，六方最密構造，ダイヤモンド構造上にきっちり並べることを考える．それぞれの配位数 (最隣接格子点数) および充填率を求めよ．なお，六方最密構造は図 2.1，ダイヤモンド構造は図 2.2 のような構造である．

(2) 体心立方格子，面心立方格子，六方最密構造，ダイヤモンド構造の結晶構造を持つ，代表的な元素をそれぞれ1つずつ挙げよ．

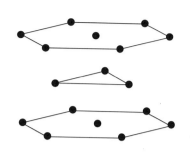
図 2.1: 六方最密構造

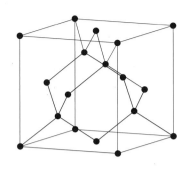
図 2.2: ダイヤモンド構造

問15　逆格子ベクトル

逆格子ベクトル G は基本並進ベクトル a と格子の位置ベクトル $R = \sum_i^N n_i a_i$ (N は次元数, n_i は整数) を用いて $G \cdot R = 2\pi m$ (m は整数) を満たすものとして定義される.

(1) 格子定数 a の 1 次元系における逆格子ベクトル $G = m_1 b_1$ (m_i は整数) として b_1 を求めよ.

(2) 同様に 2 次元系において $G = m_1 b_1 + m_2 b_2$ として G を導出せよ.

(3) 同様に 3 次元系について $G = m_1 b_1 + m_2 b_2 + m_3 b_3$ として G を導出せよ.

(4) 体心立方格子と面心立方格子における逆格子ベクトルを求めよ.

問16　Brillouin 領域の体積

3 次元結晶において第 1 Brillouin 領域の体積が $(2\pi)^3/V_c$ であることを示せ. ここで V_c は結晶の基本単位格子の体積である.

問17　Brillouin 領域の描画

単純な矩形 2 次元格子 (格子定数が a および $b = 3a$) の第 1 および第 2 Brillouin 領域を描け.

問18　蜂の巣格子

図 2.3 のような一辺の長さが a の蜂の巣格子について以下の問いに答えよ.

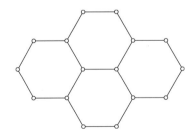
図 2.3: 蜂の巣格子

(1) 蜂の巣格子における基本並進ベクトルと単位胞を図示せよ.

(2) 蜂の巣格子における Wigner–Seitz 胞を図示せよ.

(3) 蜂の巣格子の逆格子を, (1) での実空間の図に対応するよう図示せよ.

問 19　構造相転移とドメイン†

3次元の単結晶試料の結晶構造が以下の相転移を起こした場合を考える. 単位胞中の原子数は一定として, 相転移後に混在するドメイン (結晶軸が揃った領域) の種類の数を (1) 立方晶から斜方晶, (2) 立方晶から単斜晶について答えよ. なお, 図 2.4 は 2 次元系における例を示しており, この場合, 2 種類のドメインが混在している.

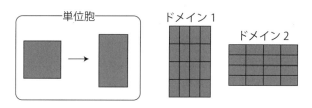

図 2.4: 長方格子におけるドメイン

問 20　結晶のステレオ投影†

結晶を観察する上で各格子面間の角度関係を知ることは非常に重要である. しかし, 透視図や正面図などでその関係を描写することは困難である. そこで考えられたのがステレオ投影であり, 面間の角を図形的に解明することができることにその利点がある. 図 2.5 に示すのは, 立方晶の (001) 面に対する標準投影図である. 図 2.5 を元に標準投影図を (011) 面に対して書き換えよ. ただし, この図のように, 極は {100}, {110}, {111} のみを書くこととする.

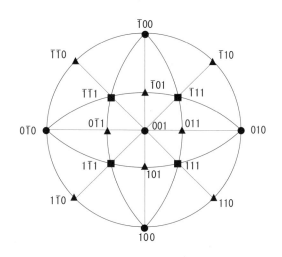

図 2.5: 立方晶の (001) 面に対する標準投影図

第3章 X線粒子線回折

問21 回折実験における粒子のエネルギースケール

回折実験に用いる光, 中性子線, 電子線について以下の問いに答えよ.

(1) 光のエネルギーに関する単位換算を考える. 表3.1を完成させよ. ただし, 有効数字は2桁とする. また, 波長 λ に対して波数は $\tilde{\nu} = 1/\lambda$ で定義されるものとする.

表 3.1: 光のエネルギーに関する単位換算表

波長 [μm]	波数 [cm^{-1}]	振動数 [THz]	エネルギー [eV]
1	( )	( )	( )

(2) 回折実験を行って結晶の格子定数や対称性の情報を得たい. 用いるX線, 中性子線, 電子線のエネルギーはどの程度が適切か. その根拠も議論せよ. ただし, ここで対象としている結晶の格子定数は 1 [Å] 程度であるとする.

問22 結晶における回折条件

格子定数 a の単純立方格子のX線回折について以下の問いに答えよ. ただし, X線の波長を λ, 回折角を θ, 基本並進ベクトルを a_1, a_2, a_3 とする.

(1) 逆格子空間での基本ベクトル b_1, b_2, b_3 の定義式を書け. また, 基本並進ベクトル a_1, a_2, a_3 との内積を求めよ.

(2) 逆格子ベクトル $G = hb_1 + kb_2 + lb_3$ は (hkl) 面に垂直であることを示せ.

(3) 隣り合った2枚の格子面の間隔 d を逆格子ベクトル G を用いて表せ.

(4) 格子面間隔を d として, X線回折が観測される Bragg の条件を書け.

(5) 入射X線の波数ベクトルを k, 回折されたX線の波数ベクトルを k' とする. 逆格子ベクトル G でX線回折が観測される k, k', G の条件を書け. 弾性散乱の場合 ($|k| = |k'|$) の条件も記せ.

(6) (4) の表記と (5) の表記が等価であることを示せ.

問23 X線回折における構造因子

波数 k で入射したX線が, 結晶内でどのように散乱されるかを考える. 弾性散乱 (Thomson 散乱) を仮定するが, 本問題では Thomson 散乱の角度依存性は無視し議論を行う. 以下の問いに答えよ.

(1) 結晶中の電子によって X 線が散乱され,波数が k から k' になったとする.結晶格子を成す,ある 1 つの原子付近に局在した位置 r_1 にある電子による X 線の散乱振幅を f とする.この電子から $r = r_2 - r_1$ だけ離れた位置にある電子による散乱の散乱振幅を波数 k, k', r および f を用いて表せ.

(2) 実際の電子は密度 $n(r)$ で分布している.位置 r における体積素片 dV からの散乱振幅は,電子密度 $n(r)$ に比例する.$\int n(r)dV = 1$ のとき $f = 1$ と規格化し,全電子による散乱振幅 F を電子密度 $n(r)$,波数 k と散乱後の波数 k' を用いて示せ.

(3) 電子密度 n が持つ周期性を使って Fourier 級数展開を行い,構造因子が有限の値を持つ条件を求めよ.これが Laue 条件,Bragg の条件となる.

問 24 結晶構造因子と消滅則

立方格子における X 線回折について以下の問いに答えよ.

(1) 面心立方格子と体心立方格子の二つの格子に関して,結晶構造因子 F を計算せよ.ただし,原子形状 (散乱) 因子 f は定数であるとし,逆格子点の指数を (hkl) とする.

(2) 単純立方格子では,逆格子点で Bragg 反射が観測されるが,面心立方格子と体心立方格子では観測されない逆格子点がある.Bragg 反射が観測されない逆格子点の指数 (hkl) を求めよ.

問 25 粉末と単結晶の X 線回折

ある立方晶の試料の粉末 X 線回折を測定したところ,004 と 123 の強度比が 1:1 であった.粉末 X 線回折では同じ面間隔の回折線がすべて重なることを考慮して,単結晶で測定したときのこの 2 つの強度比を求めよ.但し 2θ の違いは充分小さく,それに起因する装置の感度の違いなどは無視できるとする.

問 26 回折パターンによる格子定数の同定

周期的に配置された散乱体からなる 2 次元格子試料にレーザー光 (波長 λ) を周期構造を有する試料に照射し,試料から十分後方の距離 L に配置したスクリーンで回折パターンを投影させ,得られた逆格子像から試料の格子定数の決定を試みる.簡単のため,試料は極めて薄く光軸に対して垂直方向な 2 次元構造のみを有するとし,散乱角 2θ は十分小さく,近軸近似 ($\sin 2\theta \approx \tan 2\theta \approx 2\theta$) が成り立つとする.以下の問いに答えよ.

(1) $\lambda = 632.8$ [nm], $L = 3.0$ [m] の光学系において,未知の格子定数 a_1, a_2 ($a_1 > a_2$) を有する単純直方格子多結晶試料の回折パターンを取得したところ,複数の同心円が確認された.半径 r は小さいものから順に $r = 21.0, 32.0, 38.3, 42.0, \ldots$ [mm] であった.この多結晶試料の格子定数 a_1, a_2 を求めよ.

(2) λ, L が共に未知である光学系を用いるとする.まず格子定数 $a_1 = a_2 = 0.1$ [μm] の 2 次元単純正方格子試料にレーザー光を照射すると,十分後方のスクリーンにおいて図 3.1 に示すような周期的な回折スポットを取得した.続いて,同一の光学系において,格子定数未知の非単純非直交格子試料を用いて実験を行ったところ,図 3.2 に示すような周期的な回折パターンが得られた.様々な指数の付け方がありうるが,図 3.2 に示したように設定するとして,非単純非直交格子試料の予想される実格子パターンを各格子点の指数を含めて図示せよ.

第3章 X線粒子線回折

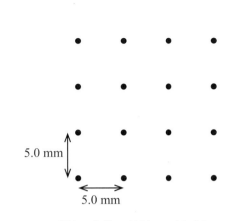

図 3.1: 単純正方格子試料の回折パターン

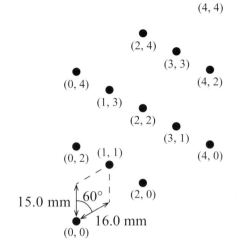

図 3.2: 非単純非直交格子試料の回折パターン

問27　中性子線を用いた磁気回折 †

中性子線を用いた磁気散乱について考える. 図 3.3 のような同種の磁性元素からなる単純立方格子を持つ強磁性体, および反強磁性体において磁気反射が現れる反射指数をそれぞれ求めよ. ただし微分散乱断面積 $d\sigma/d\Omega$ は以下の式で表され, ここでは格子との干渉項を無視してよい.

$$\frac{d\sigma}{d\Omega} \propto \left| \sum_j^{\text{all}} \langle \bm{S}_j \rangle_\perp \exp\left(i \bm{Q} \cdot \bm{R}_j\right) \right|^2$$

ここで $\langle \bm{S}_j \rangle_\perp$ は位置 $\bm{R}_j$ に存在する磁気モーメントのうち散乱ベクトル $\bm{Q}$ に対して垂直な成分を表す.

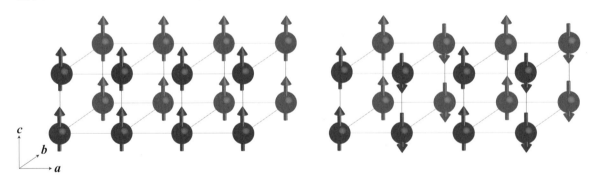

図 3.3: 強磁性体 (左), 反強磁性体 (右) の模式図

第4章 格子振動

問28 フォノンの分散関係

フォノンの分散関係について以下の問いに答えよ.

(1) 1次元系を考え, 質量 M_0 と M_1 を持つ2種類の原子が間隔 a で交互に並び, 偶数番目に M_0, 奇数番目に M_1 があるとする. 最隣接の原子の間にバネが繋がっており, 平衡位置からのずれに比例する力が働くとし, そのバネ定数を $f/2$ とする. この系における角振動数の波数 (q) 依存性を求め, 長波長極限 ($qa \to 0$) ではどのような振る舞いが見られるか答えよ.

(2) $M_0/M_1 = 1$, $M_0/M_1 = 2$ の場合について, それぞれの第1 Brillouin 領域を答えよ. またフォノンの分散関係を $-\pi/a$ から π/a の間で図示し, 両者の違いを定性的に議論せよ.

問29 Dulong–Petit の法則

Dulong–Petit の法則は, 単体結晶 (1種類の元素だけからなる結晶) の常温でのモル比熱がほぼ一定であることを主張する. 古典統計力学に基づき, その理由を説明せよ. また, この法則が主張するモル比熱はどの程度か, 具体的な数字を挙げよ. ただし, 気体定数は $R = 8.31$ [J K^{-1}mol^{-1}] とする.

問30 音響フォノンと光学フォノン

音響フォノンと光学フォノンの類似点と相違点について, 以下の問題に答えよ.

(1) 音響フォノンは基本的にどのような結晶にも存在するが, 光学フォノンはその限りではない. その理由を述べよ.

(2) それぞれについて, 分散関係 (波数と角振動数の関係) の特徴を説明せよ.

(3) 音響フォノンについては音速, 光学フォノンについては角振動数によって横モードと縦モードが特徴づけられる. 横モードと縦モードに対するそれぞれの大小関係を議論せよ.

(4) 高温と低温の極限における, それぞれの比熱に対する寄与を説明せよ.

(5) それぞれについて, 光学的性質を述べよ.

(6) それぞれの分散関係を得るための測定法について説明せよ.

問31 Einstein モデルにおける格子比熱

単一原子からなる3次元結晶 (体積 V) のフォノンによる比熱を考える. 簡単のために, フォノンは1種類しか考えず, 波数ベクトル $\boldsymbol{q}$ での角振動数を $\omega(\boldsymbol{q})$ とし, 縦波と横波を区別しないこととする. すると (零点エネルギーを除いた) 全エネルギーは以下のように表される.

$$E = \frac{3V}{(2\pi)^3} \iiint \frac{\hbar\omega(\boldsymbol{q})}{\exp[\hbar\omega(\boldsymbol{q})/k_\mathrm{B}T] - 1} \mathrm{d}q_x \mathrm{d}q_y \mathrm{d}q_z$$

第 4 章 格子振動

波数 q に関する積分は第 1 Brillouin 領域内で行う．平坦なフォノンの分散関係 $\omega(q) = \omega_0$ を仮定したときの定積モル比熱 C を，気体定数 R と Einstein 温度 $\Theta_E \equiv \hbar\omega_0/k_B$ を用いて導出せよ．また，$T/\Theta_E \to \infty$ における比熱の振る舞いを議論せよ．

問 32　Debye モデルにおける格子比熱

Einstein 近似を用いた格子比熱の導出法では，フォノンの分散関係 $\omega(q)$ を定数と仮定した．しかしながら，この近似では低温での比熱の温度依存性を正確に記述することが出来ない．これを改善する，$\omega(q) = vq$ として近似する手法を Debye 近似と呼ぶ．ただし，縦波・横波の違いを区別せず，平均化された音速 v を持ち，波数ベクトル q のみで特徴づけられる波として単純化する．1 辺が L の立方体において長さ a の立方格子を考え，単位格子内に原子が 1 つだけあるとする．以下の問いに答えよ．

(1) Debye 近似の下でのフォノンの状態密度 $D(\omega)$ を求めよ．

(2) 結晶を伝搬する角振動数には上限が存在し，密度 $1/a^3 = N/L^3$ に依存する（$N = (L/a)^3$ は原子数）．(1) で求めた状態密度を参考にして，このモード数を与える上限の角振動数 ω_D を求めよ．これを Debye 角振動数と呼ぶ．

(3) フォノンが Bose 粒子であることを考慮してフォノンのエネルギーを求めよ．また，以降の計算のために，$x_D = \hbar\omega_D/k_B T$，$\Theta_D = \hbar\omega_D/k_B$ を用いて簡略化せよ．

(4) 低温極限 $T \to 0$（$x_D \to \infty$）を仮定し，定積比熱 C_V を求めよ．ここで，以下の積分公式を用いてよい．
$$\int_0^\infty \frac{x^3}{e^x - 1} dx = \frac{\pi^4}{15}$$

問 33　融解温度と Debye 温度

有限温度での原子振動の平均自乗振幅 $\langle u^2 \rangle$ はおよそ $9\hbar^2 T/(4\pi^2 M k_B \Theta_D^2)$ である．ここで $\hbar$, T, M, k_B, Θ_D はそれぞれ Planck 定数，温度，原子質量，Boltzmann 定数，Debye 温度である．原子間距離 R，ある比例定数 δ に対し，平均自乗振幅が $\sqrt{\langle u^2 \rangle} \sim \delta \times R$ 程度になった時に，たいていの固体は融解する (Lindemann の融解公式)．融解温度 T_m から Debye 温度を見積もる関係式を導け．また，表 4.1 の比熱から求めた Debye 温度などの値を用いて，比例定数 δ がどの程度か見積もってみよ（参考：国立天文台編『理科年表 平成 25 年』丸善出版）．

表 4.1: 各物質の融解温度，有効半径，原子量，Debye 温度

	融解温度 T_m [°C]	有効半径 r [Å]	原子量	Debye 温度 [K]
アルミニウム	660	1.43	26.98	428
鉄	1536	1.26	55.85	467
銅	1085	1.28	63.55	343
銀	962	1.44	107.87	225
金	1064	1.44	196.97	165

第5章 自由粒子

問34　Landau 準位

一様な静磁場を印加した3次元電子系に関して，ベクトルポテンシャルを $\bm{A} = (By, 0, 0)$ (つまり磁束密度が $\bm{B} = (0, 0, -B)$ と z 軸方向) として，以下の問いに答えよ．

(1) 波動関数として以下の形を考えた場合，$f(y)$ に対する微分方程式を Schrödinger 方程式から導け．

$$\phi(\bm{r}) = f(y) \exp[\mathrm{i}(k_x x + k_z z)]$$

(2) (1) より導出した微分方程式から，磁場に対して垂直な面内においてエネルギー固有値が離散化されることを示せ．

(3) 状態密度 $D(E)$ を求め，横軸を E とし縦軸を $D(E)$ とするグラフにその概要を図示せよ．ただし系の大きさを表す体積を V とする．

問35　自由電子系の状態密度と体積弾性率

d 次元 ($d = 1, 2, 3$) 電子系の k 空間には，体積要素 $(2\pi/L)^d$ あたり1個の状態がある (スピン自由度を入れると2個)．ここで，L は系の大きさを表す長さである．Fermi 波数 k_F を半径とする Fermi 球内にある全電子状態数が N とする．このとき，以下の問いに $d = 1, 2, 3$ の場合それぞれについて答えよ．

(1) Fermi 準位 E_F での電子状態密度は，E_F のどのような関数となるか．

(2) N 粒子の基底状態で全エネルギーから圧力 p を求め，体積弾性率 B を p を用いて表せ．体積弾性率 B は，系の体積 V と圧力 p を用いて $B = -V\, \mathrm{d}p/\mathrm{d}V$ と表される．

問36　自由電子系の化学ポテンシャル

化学ポテンシャル μ は，粒子数一定のとき温度 T に対してどのように振る舞うか，1, 2, 3 次元の自由電子の場合について，状態密度 $D(E)$ および $D(E)$ に Fermi 分布関数 $f(E)$ をかけた電子の占有数 $D(E)f(E)$ のエネルギー E 依存性の概形を描き説明せよ．図中では，Fermi 準位 E_F も明記せよ．ただし，$\mu \gg k_\mathrm{B}T$ とする．

問37　自由電子系の比熱

(1) 自由電子の比熱が温度 T に比例することを定性的に説明せよ．

(2) 3次元自由電子の化学ポテンシャルの温度依存性を Fermi エネルギー E_F を用いて表現せよ. ただし, 粒子数が一定であり, 十分低い温度領域を仮定する. また, 3次元自由電子の状態密度の表式 $D(E) = CE^{1/2}$ (C は定数) と 2次の Sommerfeld 展開,

$$\int_0^\infty \frac{H(E)}{\mathrm{e}^{(E-\mu)/k_\mathrm{B}T}+1}\mathrm{d}E = \int_0^\mu H(E)\mathrm{d}E + \frac{\pi^2 (k_\mathrm{B}T)^2}{6}\left.\frac{\mathrm{d}H}{\mathrm{d}E}\right|_{E=\mu} + O(k_\mathrm{B}T/\mu)^4$$

を用いてよい (実際には適用限界があるが, $E_\mathrm{F}/k_\mathrm{B}T \gg 1$ であれば, 本問では任意の関数 $H(E)$ に適用できると考えてよい).

(3) 3次元自由電子のエネルギー U と比熱 C_{el} を $D(E_\mathrm{F})$ を用いて表現せよ.

問 38　低温における電子の輸送現象[†]

低温における金属の電気伝導度 σ と熱伝導度 κ は, Wiedemann–Franz 則,

$$\frac{\kappa}{\sigma T} \sim 2.44 \times 10^{-8}\,[\mathrm{W\Omega/K^2}]$$

におおよそ従うことが知られている. $\kappa/(\sigma T)$ の比例定数を Lorenz 数と呼び, 電子の熱伝導度を電気伝導度から推定する1つの手段となる. 一方, 物質を接合し温度差を作ることで, 電場を掛けなくとも電流が流れる. これを Seebeck 効果という. 得られる電圧 V は各物質固有の Seebeck 係数 S と温度差で決まり, 以下の式で与えられる.

$$V = \int_{T_L}^{T_H}[S_1(T) - S_2(T)]\,\mathrm{d}T$$

ここで S_1 と S_2 は接合している物質の Seebeck 係数, T_L と T_H は二つの物質の接点の温度となる. 以下の問いにしたがって, Seebeck 係数 S および Lorenz 数を Boltzmann 方程式から導出せよ. ここでは簡単に一次元で考える.

(1) Wiedemann–Franz 則 (低温で κ/σ が温度 T に比例) を定性的に説明せよ.

(2) 温度差と電場の両方が存在する場合, Fermi 分布関数 f はそれらがない平衡状態の分布 f_0 からずれる. 温度差, 電場が十分小さい場合を仮定すると, 分布関数は,

$$f(k) = f_0(k) + \left[e\tau(k)\nu(k)\left(-\frac{\partial f_0}{\partial \epsilon}\right)\right]E + \left[\tau(k)\nu(k)\left(-\frac{\partial f_0}{\partial \epsilon}\right)(\epsilon(k) - \mu)\right]\left(-\frac{1}{T}\right)\frac{\mathrm{d}T}{\mathrm{d}x}$$

で与えられる. ここで e は電気素量, E は電場, k は波数, τ は緩和時間, ϵ はエネルギー, μ は化学ポテンシャル, $\nu = \hbar^{-1}(\mathrm{d}\epsilon/\mathrm{d}k)$ は粒子の群速度を表す. 電流密度 J は,

$$J = e\sum_k \nu(k) f(k)$$

で与えられることを利用し, f を代入することによって J を書き直せ.

(3) 温度勾配がない場合, 電流密度は電気伝導度 σ と電場 E の積で与えられる. 電気伝導度を求めよ. また, 今後の計算のため以下の K_n ($n = 0, 1, 2$) を使い, 答えを整理せよ.

$$K_n = \int_{-\infty}^\infty L(\epsilon)(\epsilon - \mu)^n \left(-\frac{\partial f_0}{\partial \epsilon}\right)\mathrm{d}\epsilon$$

$$L(\epsilon) = \sum_k \tau(k)\nu^2(k)\delta(\epsilon - \epsilon_k)$$

(4) 電流密度の式を用いて，電流がない場合を仮定し，Seebeck 係数 S を K_n を用いて表せ．

(5) 低温における Seebeck 係数 S を $L(\epsilon)$ を用いて表せ．その際，以下の Sommerfeld 展開を用いてよい (実際には適用限界があるが，$E_F/k_B T \gg 1$ であれば，本問では任意の関数 $H(E)$ に適用できると考えてよい)．

$$\int_{-\infty}^{\infty} \frac{H(E)}{e^{(E-\mu)/k_B T}+1} dE = \int_{-\infty}^{\mu} H(E) dE + \frac{\pi^2 (k_B T)^2}{6} \left.\frac{dH}{dE}\right|_{E=\mu} + O(k_B T/\mu)^4$$

(6) 電子による熱伝導度 κ_{el} は同様に Boltzmann 方程式から熱流密度の計算を行うことで $\kappa_{el} = K_2/T$ で与えられる (金属的な状況を仮定)．このとき，Lorenz 数はどの様に表されるか求めよ．

問39　ハーフメタルとセミメタル†

(1) ハーフメタルおよびセミメタル（半金属）という物質群が知られている．両者は名称は似ているものの，実際には全く異なるものである．それぞれについて，Fermi 準位近傍における電子構造を説明せよ．

(2) ハーフメタルおよびセミメタル（半金属）の例を挙げ，それらの研究例について述べよ．

問40　de Haas–van Alphen 効果を用いた Fermi 面の観測法†

Fermi 面を観測する有効な手段として，de Haas–van Alphen (dHvA) 効果が知られている．これは磁場の強さの変化に対して磁化が振動する現象であり，それを利用して Fermi 面の断面積を見積もることができる．以下の問に答えよ．

(1) 一般に，Planck 定数を h として，運動量 $\boldsymbol{p}$ を閉じた軌道に沿って積分した値が $\oint \boldsymbol{p} \cdot d\boldsymbol{s} = (n+1/2)h$ と量子化される ($n = 0, 1, 2, \ldots$) 条件が，Bohr–Sommerfeld の量子化条件として知られている．つまり，電子の波数ベクトルを $\boldsymbol{k}$ とすれば，磁場がない場合の電子に対しては，$\oint \hbar \boldsymbol{k} \cdot d\boldsymbol{s} = (n+1/2)h$ と書ける．磁場中における電子に対する Bohr–Sommerfeld の量子化条件を書き下せ．

(2) 磁束密度 $\boldsymbol{B}$ の中を速度 $\boldsymbol{v}$ で運動する電子には Lorentz 力として，

$$\boldsymbol{F} = -e\boldsymbol{v} \times \boldsymbol{B} \tag{5.1}$$

が働く．実空間において，この力は運動方向に垂直に働くため，運動方向は変えるが，速度の大きさは変えない．よって，波数空間では，波数ベクトル $\boldsymbol{k}$ の伝導電子は磁場ベクトル $\boldsymbol{H}$ と垂直な等エネルギー面上の軌道を回転運動する (ただし，磁化 $\boldsymbol{M}$ が十分に小さいとして $\mu_0 \boldsymbol{H} = \boldsymbol{B}$ とする)．式 (5.1) を時間に関して積分すると，電子は $d\boldsymbol{k}/dt = \boldsymbol{F}/\hbar$ に従って波数空間を移動する (波数ベクトルを変える) ことから，

$$\boldsymbol{k} - \boldsymbol{k}_0 = -\frac{e\mu_0}{\hbar} \boldsymbol{r} \times \boldsymbol{H} \tag{5.2}$$

が得られる ($\boldsymbol{k}_0$ は積分定数)．式 (5.2) と Stokes の定理を用いて，(1) の条件式を実空間における電子の軌道面積 S を用いて書き換えよ．

(3) 式 (5.2) より，波数空間における一定のエネルギー ϵ の電子が囲む軌道面積 A と S の関係を求めよ．さらに，(2) で求めた式を用いて，A と磁場の強さ H の関係を求めよ．

(4) 磁場中で回転運動する電子は Landau 準位を形成し, 離散的なエネルギー分布をとる. 磁場の強さが増していくと, Landau 準位は Fermi 準位と一致する. このとき, 系の内部エネルギーは最大値をとる. 更に磁場の強さが増すと, これらの電子はその 1 つ下の Landau 準位に入り, 系の内部エネルギーは減少する. このように, 磁場の強さ H の変化と共に内部エネルギーは振動する. 磁化は内部エネルギーの H 微分で表されるため, 磁化も磁場の強さと共に振動する. H^{-1} に対する磁化の振動の周期を Fermi 面の断面積 A を用いて表わせ.

問 41　3 次元系の Bose–Einstein 凝縮†

(1) 3 次元自由 Bose 粒子の化学ポテンシャルには $\mu \leq 0$ であることが要請される. 高温から温度を下げていくと, $\mu = 0$ となる温度 T_0 が存在し, Bose–Einstein 凝縮を起こす. このときの粒子密度を求めることで, 温度 T_0 を求めよ. ここでスピン $S = 0$ の粒子を仮定し, $\int_0^\infty x^{s-1}/(e^x - 1)dx = \zeta(s)\Gamma(s)$ を用いてよい. ただし $\zeta(s), \Gamma(s)$ はそれぞれゼータ関数, ガンマ関数を表している.

(2) $T < T_0$ において, エネルギーがゼロ以外の粒子密度を計算し, エネルギーが最低状態に存在する粒子密度を求めよ.

(3) $T < T_0$ における定積比熱を計算せよ. なお, 比熱の温度微分は T_0 を境に不連続となる. これは, Bose–Einstein 凝縮が連続相転移であることを意味する.

問 42　2 次元系の Bose–Einstein 凝縮†

2 次元理想 Bose 気体は有限温度で Bose–Einstein 凝縮を起こさないことを示せ. 表記の簡略化のためスピン $S = 0$ としてよい.

第6章　金属・半導体中の自由電子

問43　Drudeモデルにおける電気伝導

Drudeモデルに基づき金属の電気伝導について考える．電子の有効質量をm^*，自由電子密度をnとし，以下の問いに応えよ．

(1) 伝導に寄与する正味の電子の流れは，電子の平均速度であるドリフト速度v_Dで記述される．平均散乱時間τの間，電場Eで加速されると，ドリフト速度はどのように表されるか．

(2) 電流密度$J = -env_D$を電場の関数として書き下し，金属の電気伝導度$\sigma = J/E$を求めよ．

(3) 金属において電気抵抗率の温度依存性は，半導体の場合とどのように異なるか．両者の特徴的な点を挙げ，定性的に説明せよ．

問44　抵抗率による電子の物理量の推定

典型的な金属である銅は，格子定数$a = 0.36$ [nm] の面心立方構造である．室温での抵抗率を$\rho = 1.7 \times 10^{-8}$ [$\Omega\cdot$m] とする．銅1原子当たり1個の電子を出すとして，(1) 電子密度n [m^{-3}]，(2) Fermi速度v_F [m/s]，(3) FermiエネルギーE_F [J, eV, K] (3通りの単位で)，(4) 平均緩和時間τ [s]，(5) 平均自由行程l [m] を求めよ．また，(6) 残留抵抗比 (RRR: residual resistivity ratio) が $RRR = \rho(\text{室温})/\rho(4.2\,[\text{K}]) = 1000$の高純度銅の場合，4.2 [K]での平均自由行程はどの程度になるか求めよ．ただし，有効数字を2桁とする．

問45　プラズマ振動

正の電荷を持つイオンと負の電荷を持つ電子が全体として電気的に中性を保っているところに，電荷の空間的な偏りが生じたとき，電荷密度の振動もしくは波が発生する．これはプラズマ振動と呼ばれる．単純には図6.1のように，電子集団とイオン集団の空間的なずれの振動として考えることができ，ずれにより生じる電場が復元力を与える．電子の密度n，電荷素量e，電子の質量m，真空の誘電率ε_0として，プラズマ振動の角振動数（プラズマ角振動数）ω_pを導き，角振動数がイオン・電子系のサイズ（波長）に依存しないことを示せ．

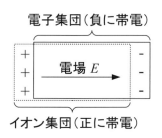

図6.1: プラズマ振動の単純な例

問 46　表面プラズマ振動

図 6.2 のように，半無限に存在する理想的な金属（もしくはプラズマ）を考え，真空との界面での表面プラズマ振動について議論する．

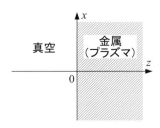

図 6.2: 半無限に続く金属（プラズマ）とその表面

金属の内部（$z > 0$）が電気的に中性であるとすれば，金属中のスカラーポテンシャル φ_1 は，Laplace 方程式 $\nabla^2 \varphi_1 = 0$ を満たす．いま，$z = 0$ において表面があることを考えれば，任意の波数もしくは減衰長 k に対して，φ_1 のとりうる解として，

$$\varphi_1(x, z) = A \cos(kx) \mathrm{e}^{-kz}$$

が存在する．ただし，A は任意の係数である．よって，電場の z 成分および x 成分は，それぞれ，

$$E_{1z}(x, z) = -\frac{\partial \varphi_1}{\partial z} = kA \cos(kx) \mathrm{e}^{-kz}, \quad E_{1x}(x, z) = -\frac{\partial \varphi_1}{\partial x} = kA \sin(kx) \mathrm{e}^{-kz}$$

となる．

(1) 真空（$z < 0$）におけるスカラーポテンシャルが $\varphi_0(x, z) = A \cos(kx) \mathrm{e}^{kz}$ であれば，電場に対する境界条件を満足することを示せ．

(2) 同様に電束密度に対する境界条件を考え，それがどの様な場合に満足されるか答えよ．

問 47　電子の電磁波応答における近似

Drude モデルにおいて，電磁波照射下での電子の運動方程式は，Hall 効果を議論するときと同様に，運動量 $\boldsymbol{p}$ に対して一般には以下のように書ける．ただし，m と $-e$ は電子の質量と電荷であり，τ は緩和時間を表す．

$$\frac{\mathrm{d}}{\mathrm{d}t} \boldsymbol{p}(t) = -\frac{\boldsymbol{p}(t)}{\tau} - e \left[\boldsymbol{E}(\boldsymbol{r}, t) + \frac{\boldsymbol{p}(t)}{m} \times \boldsymbol{B}(\boldsymbol{r}, t) \right]$$

いま，磁束密度 $\boldsymbol{B}$ の影響や電磁場の空間変動の影響を無視するという近似の下で計算すれば，比誘電率は，

$$\varepsilon_r(\omega) = 1 - \frac{\omega_p^2}{\omega(\omega + \mathrm{i}/\tau)}$$

のように得られ，これが典型的な金属で得られる実験結果をよく説明する．ただし，$\omega_p = (n_e e^2 / m \varepsilon_0)^{1/2}$ はプラズマ角振動数である．これらの近似が正当化される条件および，なぜ実験結果とよく一致するのか説明せよ．ただし，典型的な金属において，伝導電子密度は $n_e \sim 10^{22}$ [cm^{-3}]，Fermi 速度は $v_\mathrm{F} \sim 10^8$ [cm/s]，緩和時間は $\tau = 1 - 10$ [fs] 程度と考えればよい．また，電流密度はせいぜい $j \sim 1$ [A/mm^2] と考えてよい．

問 48　Hall 効果による物理量の推定

不純物半導体中に電子密度 n, 正孔密度 p のキャリアが存在する. 電磁場下における Drude モデルを仮定し, 電気伝導度, Hall 係数を求める. 磁束密度に平行な方向については考えなくてよい. 磁束密度を $\boldsymbol{B} = (0, 0, B > 0)$ とする.

(1) 緩和時間を τ とし, $t \to \infty$ で電子の速度が一定となることを用い, $t \to \infty$ における速度 $\boldsymbol{v}$ を求めよ. この際サイクロトロン角振動数 $\omega = |eB/m|$ を用い, 磁束密度が十分小さい ($\omega \ll \tau^{-1}$) 状況を仮定せよ.

(2) 易動度 μ は $B = 0$ における $\boldsymbol{v} = \mu \boldsymbol{E}$ で定義される. 易動度 μ を求めよ.

(3) 電子, 正孔の易動度をそれぞれ, μ_e, μ_h とするとき, 電流密度と電場の関係式 $\boldsymbol{j} = \boldsymbol{\sigma} \boldsymbol{E}$ より電気伝導テンソル $\boldsymbol{\sigma}$ を求めよ.

(4) 弱磁場の極限を考え Hall 係数を求めよ.

問 49　Drude モデルにおける Hall 効果

銅を磁場中に置き, 電流を流して Hall 電圧を測定したとする. 銅は厚さ $d = 0.1$ [mm], 幅 $w = 5$ [mm], 長さ $l = 10$ [mm] の薄い直方体とし, 厚さ方向に磁束密度 1 [T] の磁場をかけ, 長さ方向に 1 [A] の電流を流したとき, 幅方向に Hall 電圧 -0.55 [μV] が生じた. (1) 銅の Hall 係数, (2) 銅 1 原子あたりの伝導電子数を求めよ. ただし, 銅は格子定数 $a = 0.36$ [nm] の面心立方構造をとる. (3) Hall 効果を利用して磁場を計測する際には, 銅のような金属よりも半導体がしばしば用いられる. 半導体を用いる利点を述べよ.

問 50　サイクロトロン共鳴を用いた電子の有効質量の測定法

荷電粒子は磁場中でサイクロトロン運動 (円運動) し, それと同じ振動数の電磁波を共鳴的に吸収する. これをサイクロトロン共鳴と呼ぶ. 以下の問いに答えよ.

(1) 磁束密度 $\boldsymbol{B} = (0, 0, B)$ および振動電場 $\boldsymbol{E} = \mathrm{Re}[(Ae^{-i\omega t}, iAe^{-i\omega t}, 0)]$ の中を, 電荷 $-q$, 有効質量 m^*, 速度 v の電子が運動する時, この電子の運動方程式を各方向成分について書け (ただし, 緩和時間を τ とし, $\boldsymbol{E}$ に付随する高周波磁場の効果は考えないものとする).

(2) 電子の運動方程式を解き, 電荷密度 n を用いて, x 方向の複素伝導率 σ を求めよ. その実部 $\mathrm{Re}[\sigma]$ は電磁波の減衰率を特徴づける. $\mathrm{Re}[\sigma]$ の極大値を与える角振動数 ω_c を求めよ.

(3) いま, 磁束密度 $B = 8.6 \times 10^{-2}$ [T] で振動数 2.4×10^{10} [Hz] の電磁波を照射した際, サイクロトロン共鳴が起こったとする. 電子の有効質量 m^* を求めよ.

問 51　エントロピーと Seebeck 効果[†]

$NaCo_2O_4$ という酸化物では, 大きな Seebeck 効果が観測される. この理由について小椎八重らが提案した拡張 Heikes 公式を用いて考える (W. Koshibae, K. Tsutsui and S. Maekawa, Phys. Rev. B **62**, 6869 (2000)). 温度エネルギーが遮蔽された電子間クーロン相互作用よりも十分大きく, クーロン相互作用が電子の運動エネルギーより十分大きい状況を仮定する. 以下の問いに答えよ.

第6章 金属・半導体中の自由電子

(1) Co 原子の周囲に配位した6つの酸素による正八面体型の結晶場によって, 5重縮退した $3d$ 軌道のエネルギーレベルが一部解ける. どのように縮退が解けるか, 定性的に説明せよ.

(2) 結晶場によって縮退が解けた $3d$ 軌道に電子が入る場合, Co^{3+} と Co^{4+} における状態数 w_3 および w_4 （電子配置の場合の数）を求めよ. ただし結晶場によって分裂した軌道のうち, 低エネルギー側の軌道から順に電子が入るものとする.

(3) Co の全サイト数が N_A であり, Co^{4+} のサイトが N 個あるとする. この場合の状態数 w を求めよ. またこの時のエントロピー s を計算せよ. ただし Stirling の近似式 ($\ln N! \approx N \ln N - N$) を用いよ.

(4) 高温極限では, Seebeck 係数 S は $S \approx -\mu/eT$ となる. Co の平均価数が 3.5 価の場合の Seebeck 係数 S を, 熱力学関係式 $\mu/T = -\partial s/\partial N$ を用いて求めよ. また Seebeck 係数 S が大きくなる条件について述べよ.

第7章　電子のエネルギーバンド

問52　物質中の多体問題とその近似[†]

物質中の電子と原子核の多体問題を扱う場合，正確には各運動エネルギーや Coulomb ポテンシャルなど多くの項を考慮したハミルトニアンが用いられる．このような多体系のハミルトニアンを解くことは難しく，何らかの近似を用いる必要がある．例えば，電子と原子核の運動エネルギー比が大きいことを利用し，原子核の運動エネルギー項をゼロと近似する場合がある．この近似の正当性について考える．

(1) ある原子を考え，電子に働く力をバネ定数 k の調和振動子で近似する．また，電子が Bohr 半径 a_B 程度動けると仮定する．このときの運動エネルギーを Bohr の量子条件から概算し，ポテンシャルエネルギーとの関係からバネ定数 k を a_B, m_e を用いて表わせ．ビリアル定理から運動エネルギーとポテンシャルエネルギーが同じ程度の大きさになると考えてよい．

(2) (1) と同様に質量 M の原子核もバネ定数 k の調和振動子で近似する．a_n 程度動けると仮定し，(1) と同様にバネ定数を a_n, M を用いて表わせ．

(3) (1) と (2) を組み合わせ k を消去し，原子核の平均半径 a_n が a_B の何倍になるか求めよ．また，実際に ^{1}H の a_n を計算し，Bohr 半径と比較して十分小さいことを示せ．$(a_n/a_B)^2$ が電子の運動エネルギーと原子核の振動エネルギーのおおまかな比になる．一般に (1) と (2) の k は異なってよいが，この調和振動子ポテンシャルは電子と原子との間に働く Coulomb 相互作用だけによるものと仮定している．

問53　Bloch の定理

結晶中の波動関数は Bloch 関数で表されることが知られている．例えば，波数 k を持つ波動関数は $\psi_k(r) = u_k(r)\exp(i k \cdot r)$, $u_k(r + r_n) = u_k(r)$ と表される．この1電子の波動関数を，周期境界条件を仮定して結晶中の Schrödinger 方程式より導出する．ここで，r は電子の空間座標であり，r_n は基本並進ベクトルであるとする．

(1) 各原子から電子に与えられる周期ポテンシャルを $V(r) [= V(r+r_n)]$ とするとき，結晶における質量 m を持つ独立な1電子 (自由電子) の Schrödinger 方程式を示せ．

(2) 波動関数が周期境界条件を満たすこととポテンシャルが周期的であることから，ψ および V の Fourier 級数展開を示せ．

(3) (2) の結果を (1) で示した結晶中の Schrödinger 方程式に代入して，ψ の Fourier 展開係数が満たすべき方程式を導け．

(4) 波数空間の Schrödinger 方程式は $\psi_k(r) = u_k(r)\exp(i k \cdot r)$ を満たすことを証明せよ．

問 54　Kronig–Penney ポテンシャル中の電子の運動†

電子が以下のようなデルタ関数型の周期的な 1 次元斥力ポテンシャル $V(x)$ の中で運動する場合を考える.

$$V(x) = \sum_{n=-\infty}^{\infty} V_0 \delta(x - na)$$

ただし, V_0 は定数, a は格子定数, n は整数である.

(1) 電子のエネルギー固有値を与える方程式を導け.

(2) (1) の方程式からエネルギー分散を求めて, その略図を書け.

(3) $V_0 \to \infty$ のときと $V_0 \to 0$ のときではエネルギー分散はどのようになるか説明せよ.

問 55　2 次元正方格子における強束縛近似

2 次元正方格子上の電子のエネルギーを強束縛近似によって計算する. 以下では格子点をサイトと呼ぶ.

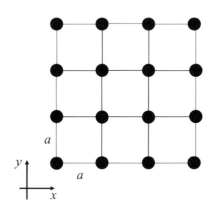

図 7.1: 2 次元正方格子の結晶構造

(1) 2 次元正方格子は図 7.1 のような結晶構造である. ここで, 格子定数を a とする. この系の第 1 Brillouin 領域を求めよ.

(2) 各サイトに局在した関数 $\phi(\boldsymbol{r})$ を考える. このとき, ある i 番目のサイト位置を $\boldsymbol{r}_i$ とすると, 波動関数は Bloch 関数として,

$$\psi_{\boldsymbol{k}}(\boldsymbol{r}) = \frac{1}{\sqrt{N}} \sum_i e^{i\boldsymbol{k}\cdot\boldsymbol{r}_i} \phi(\boldsymbol{r} - \boldsymbol{r}_i)$$

と表される. ただし N は全格子点 (原子) 数である. このとき, 波数 $\boldsymbol{k}$ で指定される波動関数に対するエネルギーを計算し, エネルギーバンドを求めよ. ただし, ハミルトニアンを $\hat{\mathcal{H}}$ として, サイト i と j が最隣接であるときにのみ $\int \phi^*(\boldsymbol{r} - \boldsymbol{r}_i) \hat{\mathcal{H}} \phi(\boldsymbol{r} - \boldsymbol{r}_j) \mathrm{d}\boldsymbol{r}$ は有限の値 $-t$ を持ち, それ以外のときは 0 になると仮定する. 同サイト内の積分値も有限の値を持つが, この定数が 0 となるようにエネルギーの原点を取り直したとして省略することにする.

(3) 1 つの格子点に 1 つの電子が存在する場合を考える. これはエネルギーバンドに電子が半分詰まっている状態に対応している. このときの Fermi 面を描け.

(4) (3) の状態から電子が少し減少したとき, Fermi 面の形状はどのように変化するか述べよ.

(5) Γ 点付近 ($ka \ll 1$) での有効質量を, 質量 m^* を持つ 2 次元自由粒子のものと比較することで求めよ. また, バンド幅と有効質量の関係について述べよ.

問56　蜂の巣格子におけるエネルギーバンド†

グラフェンを記述する単純な模型として図 7.2 のような蜂の巣構造を考える.

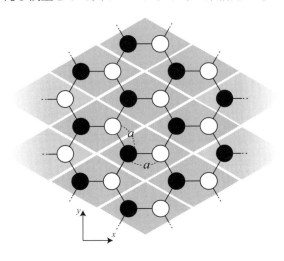

図 7.2: 蜂の巣構造

白丸と黒丸は原子, 菱型が単位胞を示し, 黒丸と白丸の原子間の距離を a とする. 単純な模型として, 問 55 と同様にある原子上にある電子は隣の原子にしか移動できないとする強束縛近似を考える. このときのハミルトニアンは第 2 量子化を用いて,

$$\mathcal{H} = \sum_{\boldsymbol{R}} t \left(c^\dagger_{\boldsymbol{r}_0+\boldsymbol{R},2} c_{\boldsymbol{r}_0+\boldsymbol{R},1} + c^\dagger_{\boldsymbol{r}_1+\boldsymbol{R},2} c_{\boldsymbol{r}_0+\boldsymbol{R},1} + c^\dagger_{\boldsymbol{r}_2+\boldsymbol{R},2} c_{\boldsymbol{r}_0+\boldsymbol{R},1} + \text{H.c.} \right)$$

と書くことができる. ここで $c_{\boldsymbol{r}+\boldsymbol{R},n}$ は, 位置 $\boldsymbol{r}+\boldsymbol{R}$ の単位格子内にある原子 (黒丸: $n=1$, 白丸: $n=2$) の電子の消滅演算子を表し, $\boldsymbol{r}_0=(0,0), \boldsymbol{r}_1=(-3a/2, \sqrt{3}a/2), \boldsymbol{r}_2=(-3a/2, -\sqrt{3}a/2)$ であり, $\boldsymbol{R}$ は各格子の位置を表す. また, N は格子点の数であり, t は電子の飛び移り積分を表す. 式中の $c^\dagger_{\boldsymbol{r}_0,2} c_{\boldsymbol{r}_0,1}$ は $\boldsymbol{r}_0$ の黒丸 ($n=1$) の原子に局在している電子が消え, $\boldsymbol{r}_0$ の白丸の原子 ($n=2$) に局在した軌道に生成されることを表し, 電子が隣のサイトに飛び移っていることを示している. このハミルトニアンから出発し, 以下の設問を解くことでエネルギーバンドを求める.

(1) 生成消滅演算子は, 波数空間表示の生成消滅演算子 $c^\dagger_{\boldsymbol{k},n}$ と $c_{\boldsymbol{k},n}$ を用いて,

$$c_{\boldsymbol{r}_i,n} = \frac{1}{\sqrt{N}} \sum_{\boldsymbol{k}} e^{i\boldsymbol{r}_i \cdot \boldsymbol{k}} c_{\boldsymbol{k},n}$$

$$c^\dagger_{\boldsymbol{r}_i,n} = \frac{1}{\sqrt{N}} \sum_{\boldsymbol{k}} e^{-i\boldsymbol{r}_i \cdot \boldsymbol{k}} c^\dagger_{\boldsymbol{k},n}$$

のように書ける. 波数空間表示による生成消滅演算子を用いてハミルトニアンを書き換えよ.

(2) (1) で得られたハミルトニアンを 2 次形式の行列表記に書き直せ.

(3) (2) で得たハミルトニアンを対角化しエネルギー固有値を求めよ. このバンド構造は, ある点で 2 つのバンドが線形に交差する Dirac コーンを持つ.

問57　kp 摂動に基づくエネルギーバンド†

閃亜鉛鉱型結晶を有する直接遷移型半導体において kp 摂動を用いてバンド計算を行う．以下の問いに答えよ．

(1) $k=0$ 近傍における波動関数を Bloch 関数として $\psi(\boldsymbol{r})=u_0(\boldsymbol{r})\mathrm{e}^{\mathrm{i}\boldsymbol{k}\cdot\boldsymbol{r}}$ として表すとき，Schrödinger 方程式が，
$$\frac{\hbar^2 k^2}{2m}u_0(\boldsymbol{r}) + \frac{\hbar}{m}\boldsymbol{k}\cdot\hat{\boldsymbol{p}}u_0(\boldsymbol{r}) + E_0 u_0(\boldsymbol{r}) = E u_0(\boldsymbol{r})$$
に帰着されることを示せ．ここで $u_0(\boldsymbol{r})$ は，
$$-\frac{\hbar^2}{2m}\boldsymbol{\nabla}^2 u_0(\boldsymbol{r}) + V(\boldsymbol{r})u_0(\boldsymbol{r}) = E_0 u_0(\boldsymbol{r})$$
を満足するとしている．また，運動演算子を $\hat{\boldsymbol{p}}=-\mathrm{i}\hbar\boldsymbol{\nabla}$ として導入している．

(2) Γ 点 ($\boldsymbol{k}=0$) において伝導帯底の波動関数が s 軌道波動関数 $u_s(\boldsymbol{r})$ で表せるとし，価電子帯底の波動関数が三種類の p 軌道波動関数 $u_j(\boldsymbol{r})$ で表せるとする ($j=x,y,z$)．(1) で導出した方程式において $\boldsymbol{k}\cdot\hat{\boldsymbol{p}}$ を含む項をハミルトニアンの摂動項とし，1 次摂動を用いて扱う (kp 摂動) ことにより，固有値 $\lambda=E_n(\boldsymbol{k})-\hbar^2k^2/(2m)$ に対する永年方程式を導出せよ．ただし，伝導帯底および価電子帯底のエネルギーをそれぞれ E_c, E_v とする．式を簡単にするために，
$$P=\frac{\hbar}{m}\int u_s^*(\boldsymbol{r})\hat{p}_j u_j(\boldsymbol{r})\,\mathrm{d}^3\boldsymbol{r}$$
を用いてよい．

(3) (2) で導出した永年方程式を解き，4 つのバンドの分散関係を求め，伝導帯および価電子帯との対応を説明せよ．

問58　正八面体型結晶場による d 軌道のエネルギー分裂†

正八面体型結晶場により $3d$ 状態のエネルギー準位が分裂する様子を 1 次摂動の範囲で議論する．

(1) 結晶場は，中心金属に対し，周りのイオンの静電場による摂動が与えられることによって生じる．いま，中心金属の原子核を原点とする空間座標系 $\boldsymbol{r}=(x,y,z)$, $|\boldsymbol{r}|=r$ を採用する．このとき，正八面体型結晶場の摂動ハミルトニアン $\hat{\mathcal{H}}'$ は，V_0 を定数として以下の表式で近似できることを示せ．
$$\hat{\mathcal{H}}' = V_0\left(\hat{x}^4+\hat{y}^4+\hat{z}^4-\frac{3}{5}\hat{r}^4\right)$$

(2) $3d$ 状態の電子の 5 つの波動関数は，原子核からの距離のみに依存する関数 $f_{32}(r)$ を用いて以下の表式で表すことができる．
$$|u\rangle = \psi_u = \frac{1}{2\sqrt{3}}(3z^2-r^2)f_{32}(r)$$
$$|v\rangle = \psi_v = \frac{1}{2}(x^2-y^2)f_{32}(r)$$
$$|\xi\rangle = \psi_\xi = yz f_{32}(r)$$
$$|\eta\rangle = \psi_\eta = zx f_{32}(r)$$
$$|\zeta\rangle = \psi_\zeta = xy f_{32}(r)$$

問 58 正八面体型結晶場による d 軌道のエネルギー分裂[†]

また, $f_{32}(r)$ の表式は Bohr 半径を a_0 として以下のようになる.

$$f_{32}(r) = \frac{2}{\sqrt{6\pi}} \left(\frac{1}{3a_0}\right)^{7/2} \exp\left(-\frac{r}{3a_0}\right)$$

このとき, $3d$ 状態のエネルギー準位の変化量を与える永年行列式を導け.

(3) (2) で導いた永年行列式を見れば, それぞれの行列要素の積分計算を実行しなくても, 5 重縮退した $3d$ 状態のエネルギーが, 2 重縮退した状態と 3 重縮退した状態の 2 種類に分裂することがわかる. このことを説明せよ.

(4) 余力があれば, (2) で導いた永年行列式を計算し, どちらの状態がエネルギーが低いのか, エネルギー分裂幅はどの程度か答えよ. なお, 必要であれば以下の公式を用いてもよい.

- m が奇数, n が偶数のときに成り立つ積分公式,

$$\int_0^\pi \sin^m x \cos^n x \, \mathrm{d}x = 2\frac{(m-1)!!(n-1)!!}{(m+n)!!}$$

- m, n がともに偶数のときに成り立つ積分公式,

$$\int_0^{2\pi} \sin^m x \cos^n x \, \mathrm{d}x = 2\pi\frac{(m-1)!!(n-1)!!}{(m+n)!!}$$

- ガンマ関数 : 自然数 n について, 以下の等式が成り立つ.

$$\Gamma(n+1) = \int_0^\infty x^n \mathrm{e}^{-x} \, \mathrm{d}x = n!$$

第8章 半導体

問59 半導体中の電子密度と正孔密度

電子密度が n, 正孔密度が p の半導体について, 以下の問いに答えよ.

(1) 伝導帯の電子と価電子帯の正孔に対する状態密度関数をエネルギー E の関数として図示せよ. また, $2k_BT > E_c - E_v$ (k_B: Boltzmann 定数, T: 温度) の場合に, 電子と正孔の Fermi 分布関数のエネルギー依存性を考慮して, キャリア密度のエネルギー分布の概略を図示せよ. ただし, 伝導帯の底のエネルギーは E_c, 価電子帯の頂上のエネルギーは E_v, Fermi 準位 (化学ポテンシャル) は E_F と表し図に記入せよ.

(2) 電子密度 n と正孔密度 p が次式で与えられることを示せ. ただし, $E_c - E_F \gg k_BT$, $E_F - E_v \gg k_BT$ とする.

$$n = N_c \exp\left(-\frac{E_c - E_F}{k_BT}\right), \quad p = N_v \exp\left(-\frac{E_F - E_v}{k_BT}\right)$$

また, 一辺が L の立方体中の 3 次元自由電子の状態密度 $D(E) = 4\pi(2m)^{3/2}[L/(2\pi\hbar)]^3 E^{1/2}$ を参考に, 電子と正孔の有効質量をそれぞれ m_e と m_h として, N_c と N_v の表式を導け.

(3) 電子密度 n と正孔密度 p の積は Fermi エネルギー E_F に依存せず,

$$np = n_i^2$$

と書ける. 真性キャリア密度と呼ばれる n_i の表式を導け. この関係は半導体に不純物が含まれる場合にも成り立つことが知られている.

(4) 電子密度 n, 正孔密度 p の半導体において, 全キャリア密度 N が最小になるときの電子密度および正孔密度を求めよ.

(5) 真性キャリア密度が $n_i = 1.5 \times 10^{10}$ [cm^{-3}] の真性半導体に, p 型領域として $N_A = 4.5 \times 10^{17}$ [cm^{-3}], n 型領域として $N_D = 5.0 \times 10^{17}$ [cm^{-3}] の不純物をドープして作製した pn 接合の拡散電位 V_D を有効数字 2 桁で求めよ. ただし, 不純物はすべて活性化しているものとし, 室温 $T = 300$ [K] とせよ.

問60 pn 接合における空乏層

p 型半導体と n 型半導体を接合すると, 接合部で電子とホールの拡散によりキャリアの対消滅が生じ, キャリアの存在しない領域 (空乏層) が現れる. 同時にこの領域では電荷の偏りが生じる. このとき, 以下の問いに答えよ. ただし, 接合によって両半導体にできる電位差を V_D (拡散電位), 誘電率を ε (通常, p 型半導体と n 型半導体の誘電率は異なるが, 大きな差はないため, 2 つの領域で誘電率を等しいものとして扱ってよい), p 型半導体と n 型半導体の単位長さあたりの電荷密度の絶対値を ρ_p, ρ_n としてそれぞれの電荷密度は接合界面からの距離のみに依存するものとする.

(1) 外部から電圧 V が印加された場合の空乏層の幅を計算せよ.

(2) この空乏層はコンデンサーの役割も果たす．平行平板コンデンサーを仮定して単位面積あたりの静電容量を計算せよ．

問61　キャリアの移動度と拡散係数の関係式（Einsteinの関係式）

半導体内のキャリアの流れは，電場に比例する項（ドリフト電流）と密度の勾配に比例する項（拡散電流）の和として表される．このことから，系が温度 T の熱平衡状態にあるときのキャリアの易動度 μ と拡散係数 D の関係（Einsteinの関係式）を導け．ただし，熱平衡状態において，ある位置 x におけるキャリア密度 n は Maxwell–Boltzmann 分布に従い，

$$n = N_0 \exp\left[-\frac{eV(x)}{k_\mathrm{B}T}\right]$$

と表されることを仮定せよ．ここで，N_0 は静電ポテンシャル $V(x)$ が無い場合のキャリア密度である．

問62　半導体接合における Schottky 障壁

金属と半導体を理想的に接触させた際に形成される Schottky 障壁について，以下の問いに答えよ．

(1) 金属の仕事関数を ϕ_m，n 型半導体の電子親和力を χ，仕事関数を ϕ_s，バンドギャップを E_g とする．接触面付近でのエネルギー準位の模式図を示し，Schottky 障壁を作るための条件を述べよ．また Schottky 障壁が形成されない接触を何と呼ぶか答えよ．

(2) 仕事関数 5.2 eV の金属と，仕事関数 4.3 eV および電子親和力 4.1 eV の半導体を理想的に接触させたとする．Schottky 障壁の高さと拡散電位によるエネルギー高さを求めよ．

(3) 金属と n 型半導体を理想的に接触させた場合を考え，電圧 V を印加したときに整流性が得られることを，金属の仕事関数 ϕ_m，半導体の仕事関数 ϕ_s および電子親和力 χ を用いて説明せよ．これは Schottky ダイオードとして利用される．

問63　半導体の光吸収スペクトル†

図 8.1 のように，半導体の光吸収スペクトルには，バンド間遷移に対応する吸収端の低エネルギー側に鋭い吸収線が生じることがある．その理由を説明せよ．

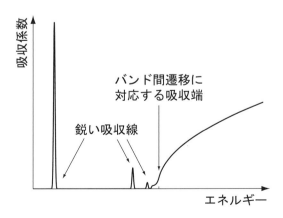

図 8.1: 半導体の光吸収スペクトルの模式図．実際にはより複雑なピーク構造が現れる．

第9章　誘電体・光学応答

問64　誘電体の分類と焦電定数の対称性に基づく考察†

誘電体に関する以下の問いに答えよ.

(1) 強誘電体, 焦電体, 圧電体の定義を述べよ.

(2) 結晶の対称性から電気分極が存在してもよいか, 存在し得ないかを判定する. 例えば, 結晶が空間反転対称性を有する場合について考える. 焦電定数は以下の式で表される.

$$p_i = \begin{pmatrix} p_1 \\ p_2 \\ p_3 \end{pmatrix} \quad (9.1)$$

結晶が空間反転対称性を持つならば, 空間反転された座標系においても同様の結果が得られる.

$$Ip_i = \begin{pmatrix} -1 & 0 & 0 \\ 0 & -1 & 0 \\ 0 & 0 & -1 \end{pmatrix} \begin{pmatrix} p_1 \\ p_2 \\ p_3 \end{pmatrix} = \begin{pmatrix} -p_1 \\ -p_2 \\ -p_3 \end{pmatrix} \quad (9.2)$$

よって式 (9.1), (9.2) を比較すると, 焦電定数の各成分 p_i はすべてゼロでなければならないため電気分極は存在しない. 以下の対称性について判定せよ.

(a) c 面が鏡映面である場合

(b) c 軸方向に 2 回回転対称性を持つ場合

問65　金属と半導体の誘電関数

金属の光学応答について以下の問いに答えよ.

(1) 自由電子系の誘電関数 (比誘電率の角振動数依存性) は, 最も単純なモデル (緩和が無い場合の Drude モデル) によって $\varepsilon_r(\omega) = 1 - \omega_p^2/\omega^2$ と表せる. ここで ω_p はプラズマ角振動数である. このとき, 光学反射率スペクトル $R(\omega)$ の概形を図示せよ. ただし反射率と誘電率の関係式 $R(\omega) = \left|1 - \sqrt{\varepsilon_r(\omega)}\right| / \left|1 + \sqrt{\varepsilon_r(\omega)}\right|$ を用いてよい.

(2) 自由電子の散乱による緩和を導入し, 古典的な運動方程式,

$$m\frac{d^2 u}{dt^2} + \frac{m}{\tau}\frac{du}{dt} = -eE$$

を用いて自由電子の電場応答をモデル化することができる. 自由電子による分極 $P = -Neu$ を用いて誘電関数の角振動数依存性を導出せよ. ここで m は電子の有効質量, u は変位, E は電場, τ は散乱による緩和時間, N はプラズマ振動によって誘起されうる電気双極子の密度, e は電気素量を表す. またプラズマ角振動数 $\omega_p = \sqrt{Ne^2/(m\varepsilon_0)}$ を用いてよい.

(3) 実際の物質の光学応答を議論するためには，光学フォノンやバンド間遷移の影響も考慮する必要がある．いま，質量 M, 電荷 $-e$, 共鳴角振動数 ω_0 の調和振動子を古典的に考察し，その変位 u の電場応答が以下の運動方程式に従うとする．

$$M\frac{\mathrm{d}^2 u}{\mathrm{d}t^2} + \frac{M}{\tau}\frac{\mathrm{d}u}{\mathrm{d}t} + M\omega_0{}^2 u = -eE$$

このときの誘電関数を緩和時間 τ, 調和振動子の密度 N なども用いて表せ．これは Lorentz モデルと呼ばれる．

問66　複素電気感受率と Kramers–Kronig の関係†

吸収係数と反射率，どちらか片方のスペクトルデータから複素屈折率などを得る際に用いられる Kramers–Kronig の関係について議論する．分極 $P(t)$ と電場 $E(t)$ の Fourier 成分 $P(\omega)$ と $E(\omega)$ は，電気感受率 $\chi(\omega)$ を用いて以下のように表される．

$$P(\omega) = \varepsilon_0 \chi(\omega) E(\omega)$$

ただし，ε_0 は真空の誘電率である．一方，時間表示では，応答関数を $G(\tau)$ とすれば以下のように表される．

$$P(t) = \varepsilon_0 \int_0^\infty G(\tau) E(t-\tau)\,\mathrm{d}\tau$$

すなわち，時刻 t での分極は過去の時刻 $t-\tau$ での電場に影響される ($\tau > 0$). 逆に未来からは影響を受けない．これは因果律と呼ばれる．つまり，電気感受率 $\chi(\omega)$ は $G(\tau)$ との間に以下の関係がある．

$$\chi(\omega) = \int_0^\infty \mathrm{e}^{\mathrm{i}\omega\tau} G(\tau)\,\mathrm{d}\tau$$

いま，$G(\tau)$ が $\tau > 0$ において実数でかつ連続的な関数とする．また，$\tau \to \infty$ に対して $G(\tau) \to 0$ となり，かつ $G(\tau)$ が $\tau = 0^+$ で微分可能な場合，電気感受率 $\chi(\omega)$ は以下の Kramers–Kronig の関係を満たす．

$$\chi_1(\omega) = \frac{1}{\pi}\mathrm{P}\int_{-\infty}^\infty \frac{\chi_2(\omega')}{\omega' - \omega}\,\mathrm{d}\omega'$$

$$\chi_2(\omega) = -\frac{1}{\pi}\mathrm{P}\int_{-\infty}^\infty \frac{\chi_1(\omega')}{\omega' - \omega}\,\mathrm{d}\omega'$$

ただし，$\chi_1(\omega)$ と $\chi_2(\omega)$ はそれぞれ $\chi(\omega)$ の実部と虚部である．また，P は主値積分を意味する．Kramers–Kronig の関係および以下の (1) の性質は基本的に因果律からの要請であり，電気感受率に限らず，一般的な応答関数に対して成り立つ．以下の問いに答えよ．

(1) $\chi(\omega)$ は複素平面の上半面において正則であり，極は必ず複素平面の下半面にあることを示せ．

(2) Kramers–Kronig の関係から，低いエネルギーに強い吸収を持つ物質ほど，静的な誘電率が大きくなることを説明せよ．

問67　時間に依存する摂動論と状態遷移

時間に依存する外場の影響を含んだハミルトニアンが，

$$\hat{\mathcal{H}} = \hat{\mathcal{H}}_0 + \hat{\mathcal{H}}_\mathrm{int}(t)$$

という形で表されるとする. $\hat{\mathcal{H}}_0$ が外場がない場合のハミルトニアンであり, $\hat{\mathcal{H}}_{\text{int}}(t)$ が外場の影響を表す. 具体的な形として振動外場,

$$\hat{\mathcal{H}}_{\text{int}}(t) = \begin{cases} 0 & (t < 0) \\ e\hat{x}F\sin(\omega t) & (t \geq 0) \end{cases}$$

を考える. ここで $\hat{x}$ は x 方向の位置演算子である. 以下の問いに答えよ.

(1) 外場がない場合 $(t<0)$ のエネルギー固有値を ϵ_n, その固有状態を $u_n(\boldsymbol{r})$ とし, 摂動が加わった際の状態 $\psi(\boldsymbol{r},t)$ を,

$$\psi(\boldsymbol{r},t) = \sum_n a_n(t) u_n(\boldsymbol{r}) e^{-i\epsilon_n t/\hbar}$$

と書き下す. このとき $a_n(t)$ の時間発展を表す微分方程式を求めよ.

(2) $t=0$ において, 系の状態が u_0 にあったとする. 摂動の 1 次まで評価することにより,

$$a_m(t) = \delta_{m,0} - \frac{ieF}{2} \int [u_m(\boldsymbol{r})^* \hat{x} u_0(\boldsymbol{r})] d\boldsymbol{r} \left[\frac{e^{i(\epsilon_m - \epsilon_0 + \hbar\omega)t/\hbar} - 1}{\epsilon_m - \epsilon_0 + \hbar\omega} - \frac{e^{i(\epsilon_m - \epsilon_0 - \hbar\omega)t/\hbar} - 1}{\epsilon_m - \epsilon_0 - \hbar\omega} \right]$$

を導出せよ.

(3) (2) で得られた結果より, 以下の状態間の双極子遷移が禁制であるか, 許容であるかを判別せよ.

(a) 水素原子の $1s$ から $2s$ への遷移

(b) 水素原子の $1s$ から $2p_x$ への遷移

問 68 Maxwell 方程式における対称性[†]

真空中に電荷密度 ρ_e および電流 $\boldsymbol{i}_e$ が存在するとき, 電場 $\boldsymbol{E}$ および電束密度 $\boldsymbol{B}$ は以下の Maxwell 方程式を満たす.

$$\boldsymbol{\nabla} \cdot \boldsymbol{E} = \frac{\rho_e}{\varepsilon_0} \tag{9.3}$$

$$\boldsymbol{\nabla} \cdot \boldsymbol{B} = 0 \tag{9.4}$$

$$\boldsymbol{\nabla} \times \boldsymbol{E} = -\frac{\partial \boldsymbol{B}}{\partial t} \tag{9.5}$$

$$\boldsymbol{\nabla} \times \boldsymbol{B} = \mu_0 \left(\varepsilon_0 \frac{\partial \boldsymbol{E}}{\partial t} + \boldsymbol{i}_e \right) \tag{9.6}$$

上式は電磁対称性を反映して「ある程度」対称な形で書かれているが, 実在する電荷に対して磁気単極子は存在しないことに由来する非対称性を有している. 今, 仮に磁気単極子が存在するとして磁荷密度を ρ_m としたとき, Maxwell 方程式がどのように書き表されるかを, 計算過程を示しながら論じよ.

問 69 点電荷と点光源が生成する電磁場

真空中の原点に次のものがある. 原点から距離 r だけ離れた点での電場の向きと大きさを求めよ.

(1) 電荷量 Q の点電荷によって生じる静電場.

(2) 点光源から等方的に発せられる電磁波. ただし, 単位時間あたり放出される電磁波の全エネルギーを W_0 とする.

問 70　光の偏光と偏光子

光の偏光について以下の問いに答えよ.

(1) 自由空間を伝搬する平面波を考えるとき, 光の偏光状態は 2 次元複素ベクトルで表現できることを Maxwell 方程式から説明せよ (このように表現したベクトルを Jones ベクトルと呼ぶ).

(2) 水平偏光を, 透過軸を水平から 45 度傾けた偏光子と透過軸を垂直方向にした偏光子に続けて通すと, 光強度はどうなるか. 通す順序を逆にするとどうなるか. ここで偏光子とは, 透過軸に等しい電場成分を完全に透過し (透過率 1), 逆に透過軸に直交する電場成分を全く透過しない (透過率 0) 光学素子である.

問 71　物質境界における電磁波の屈折と反射

物質の境界における電磁場の屈折, 反射について以下の問いに答えよ. ただし, 透磁率は全領域で真空の透磁率 μ_0 に近似できるものとする.

(1) 真空と屈折率 n の物質との境界面に物質側から電磁波が入射する場合を考える. 入射角を θ_0, 屈折角を θ_1 とするとき, 全反射が生じる条件を述べよ.

(2) 真空中を z 方向に進行する入射波を $E_0 \exp[i(kz - \omega t)]$, 反射波を $E_2 \exp[i(-kz - \omega t)]$, 物質内を進行する波を $E_1 \exp[i(k'z - \omega t)]$ と表す. 真空と物質の界面（$z = 0$: z 軸に垂直な面）における境界条件を電場, 磁場のそれぞれについて考え, 物質表面での反射率 R と屈折率 n との関係式を求めよ.

(3) 電磁波が屈折 n_1 の物質中から $n_2 (> n_1)$ の物質へ入射する場合を考える. 入射角を θ_1, 屈折角を θ_2 とするとき, 物質間における電磁波の境界条件から, Brewster 角 θ_B (反射光の p 偏光成分が 0 となる入射角) を導出せよ. なお, 物質中の光の吸収はないものとする.

問 72　うなりの伝搬と波束の群速度

物質中の電子や電磁波は, Schrödinger 方程式や Maxwell 方程式にしたがって波束として運動する. 波束としての速度は群速度 v_g であり, エネルギー E と波数 k からなる分散関係の傾きから $v_g = (1/\hbar)(\partial E/\partial k)$ と表される. これは一般に位相速度 $v_{ph} = E/\hbar k$ とは異なる. いま, 中心波数が k_0 (中心波長 $\lambda_0 = 2\pi/k_0$) で $2\Delta k$ の広がりを持った「波束」を考える代わりに, 「うなり」の伝搬を単純に考えることにする. うなりの波動関数は, 中心波数を k_0 として, 間隔 $2\Delta k$ だけずれた 2 つの波数 $k_1 = k_0 - \Delta k$ と $k_2 = k_0 + \Delta k$ の平面波の重ね合わせとして, 以下のように表される.

$$\psi(x, t) = e^{i(k_1 x - E_1 t/\hbar)} + e^{i(k_2 x - E_2 t/\hbar)}$$

ここで, E_1 と E_2 はそれぞれ k_1 と k_2 におけるエネルギーである. いま, k_0 付近の群速度が, Δk 程度の領域でほぼ一定と見なせるならば, このうなりの伝搬速度が確かに群速度 v_g に, また位相の速度が v_{ph} に対応することを示せ. また, 「波束」と「うなり」を実空間と波数空間において, それぞれ大まかに図示せよ.

問 73　レーザーの発振原理[†]

レーザーの発振原理を述べよ. ただし, 以下の 4 つの語を用いよ. 自然放出, 誘導放出, 共振器, 反転分布.

第10章 相転移

問74 秩序変数と相転移

実数 P を秩序変数とした相転移現象について考える (P としては電気分極や磁化などを思い浮かべればよい). 高温相にあたる I 相では $P = 0$ であるが, 低温相の II 相では $P \neq 0$ であるような相転移が $T = T_\mathrm{C}$ において起きたとする (強誘電転移や強磁性転移などに該当する). この時, Landau の自由エネルギー F が以下のように書き下されるとする.

$$F = \sum_i \alpha^{(i)} P^i$$

(1) P の奇数次項の係数 $\alpha^{(i)}$ がゼロである理由を説明せよ. このとき, F は P を 4 次まで展開して,

$$F = \frac{1}{2}\alpha P^2 + \frac{1}{4}\beta P^4$$

と書き下される. ただし, $\alpha = 2\alpha^{(2)}, \beta = 4\alpha^{(4)}$ とした.

(2) 平衡状態は自由エネルギーが最小となる条件で与えられる. 正の定数 α_0 を用いて $\alpha = \alpha_0(T - T_\mathrm{C})$ と係数を展開したとき, 確かに I 相において $P = 0$, II 相において $P \neq 0$ が解として満たされることを示し, II 相における解 $P = P_0$ を具体的に書き下せ.

問75 ヘリウムの液化

1 気圧下において, 水素ガスとヘリウムガスを冷却すると, 水素はおよそ 20 K で, ヘリウムはおよそ 4.2 K (^{4}He の場合) で液化する. 水素の分子量に比べて約 2 倍重いヘリウムが, より低温で液化する理由を説明せよ.

問76 高温相から低温相への1次相転移

高温相 H から低温相 L への 1 次相転移の過程を考える. 転移温度より高温の状態から温度を下げ, 過冷却状態に入る. 半径 r の球形の L 相が揺らぎによってランダムに発生する. r がある臨界サイズを超えたときに初めて相転移が進行することを, エネルギー損失・利得の観点から説明せよ.

問77 合金における相転移†

合金などが凝固するとき, 2 種類の金属の組み合わせや組成によってその凝固形態や結晶組織は大きく異なり, その挙動によって共晶系や包晶系などいくつかに分類される. 図 10.1 に示すのは一般的な共晶系を示す金属 A-B の平衡状態図である. 以下の問いに答えよ.

(1) 共晶系状態図を示す合金系の例を挙げよ.

(2) 平衡状態図を作成するために必要な測定と作図の手順について簡単に説明せよ.

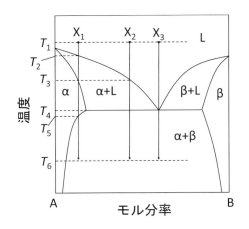

図 10.1: 金属 A-B の平衡状態図

(3) 図 10.1 に示した X_1, X_2, X_3 の 3 通りの組成について，温度 T_1 から温度 T_6 まで冷却する過程を相変化や相内での濃度変化に注意し，順を追って説明せよ．

第11章 磁性

問78 帯磁率と磁化の温度依存性

次の物質が示す帯磁率 (磁化率, 磁気感受率) の典型的な温度依存性についてグラフの概形を示し, その特徴 (関数形) について説明せよ. 局在スピンからなる (1) 強磁性体, (2) 反強磁性体, また, 局在スピンを持たない (3) 反磁性体, (4) 常磁性を示す金属. ただし, (1) の秩序領域については, 磁化の温度依存性についてグラフの概形を示せ. また, 室温で強磁性を示す単体金属をすべて挙げよ.

問79 磁気モーメントの熱力学的解析

スピン $S = 1/2$ のみを持つ N 個のイオンからなる系が, 温度 T に保たれた一様な磁場 H の中に置かれている. スピン間には相互作用がなく, Boltzmann 分布に従うとして, この系の熱平衡下における磁気モーメントを求めよ. また, $\mu_B \mu_0 H \ll k_B T$ の場合, この系の帯磁率が温度に逆比例することを示せ. ただし, g 因子は 2 とする.

問80 常磁性体の帯磁率

最低エネルギーの J 多重項が有限の磁場で磁化している場合, その磁化 $M(H,T)$ は Brillouin 関数 (11.1) を用いて式 (11.2) で表される.

$$B_J(x) = \frac{2J+1}{2J} \coth \frac{2J+1}{2J}x - \frac{1}{2J} \coth \frac{x}{2J} \tag{11.1}$$

$$M(H,T) = N g_J \mu_B J B_J \left(\frac{J g_J \mu_B \mu_0 H}{k_B T} \right) \tag{11.2}$$

ここで, N は Avogadro 数, g_J は Landé の g 因子, μ_B は Bohr 磁子, μ_0 は真空の透磁率, k_B は Boltzmann 定数, H は外部磁場, T は温度を表す.

(1) 全角運動量 $\boldsymbol{J}$ に平行な磁気モーメントが $-g_J \mu_B \boldsymbol{J}$ と表されることを用いて, 式 (11.2) を導け.

(2) $J g_J \mu_B \mu_0 H / k_B T \to 0$ のとき, Curie 則で表される常磁性帯磁率が導かれること, 並びに Curie 定数 C を求めよ. 但し, $x \to 0$ のとき $\coth x \approx 1/x + x/3$ と近似できることを利用してもよい.

(3) $J g_J \mu_B \mu_0 H / k_B T \to \infty$ のとき, 飽和磁化の値が求められることを示せ.

問81 1軸異方性を有する反強磁性体[†]

図 11.1 のような典型的な 1 軸異方性を有する 2 副格子型の絶縁体の反強磁性体を考える. 反強磁性磁気秩序温度 (Néel 温度) T_N より高温の常磁性相と十分低温の秩序相に関して, 以下の問いに答えよ.

問81 1軸異方性を有する反強磁性体[†]

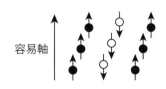

図 11.1: 1軸異方性を有する2副格子

図 11.2: θ_u, θ_d の定義

(1) 副格子磁化を M_u と M_d とする．異なる副格子間の反強磁性的交換相互作用定数を $J\,(>0)$，最近接配位数を z とすれば，各副格子に働く内部磁場 H_u, H_d は次のように表される．

$$H_u = -AM_d + H, \quad H_d = -AM_u + H, \quad A = \frac{2zJ}{Ng^2\mu_B^2\mu_0} \tag{11.3}$$

問80に与えられた磁化の表式における磁場を式 (11.3) の内部磁場に置き換え，全体の磁化 M は M_u と M_d の和，各副格子磁化の大きさは式 (11.2) の磁化において N を $N/2$ としたものになるとする．このとき，Curie–Weiss則に従う常磁性相での帯磁率 χ を求めよ．また，Weiss温度 Θ を Curie 定数 C と A を用いて表せ．また，帯磁率の温度変化を，縦軸を $1/\chi$，横軸を温度 T として図示せよ．ここで，T_N 以上を実線で，以下はその延長として点線で示せ．

(2) Néel 温度 T_N 以下の十分低温において，容易軸方向 (個々のスピンが向きやすい方向) に磁場をかけたとする．その際の磁化の振る舞いを，スピンフロップ磁場 H_{SF} と飽和磁場 H_s を含めて，縦軸を磁化 M，横軸を磁場 H として図示せよ．但し，1軸異方性の大きさ (異方性磁場 H_A) は交換相互作用 (交換相互作用磁場 H_E) に比べて十分小さい ($H_A \ll H_E$) とする．

(3) 容易軸に平行な方向と垂直な方向の帯磁率をそれぞれ $\chi_\parallel, \chi_\perp$ とし，1軸異方性定数 $K\,(>0)$ を用いて，(2) の条件下におけるスピンフロップ磁場 H_{SF} を表せ．ただし，異方性エネルギーを $F_A = -K(\cos\theta_u^2 + \cos\theta_d^2)/2$ とする (θ_u, θ_d は図 11.2 のように2副格子の各磁化の容易軸方向からの角度)．また，フロップ前は容易軸方向，フロップ後は磁場に垂直方向にスピンが向いており，その前後で自由エネルギーは等しいとする．

問82 マグノンの分散関係[†]

大きさ S の古典的スピンが N 個直線状に並んでいることを考える．最隣接同士の相互作用が以下の Heisenberg 相互作用，

$$U = -2J\sum_{j=1}^{N} \boldsymbol{S}_j \cdot \boldsymbol{S}_{j+1}$$

によって結合しており，p 番目のスピン $\boldsymbol{S}_p$ を含む Heisenberg 相互作用は有効磁場 $\boldsymbol{H}_p$ と磁気モーメント $\boldsymbol{\mu}_p = -g\mu_B \boldsymbol{S}_p$ を用いて $-\boldsymbol{\mu}_p \cdot (\mu_0 \boldsymbol{H}_p)$ と表せるとする．ここで g は g 因子，μ_B は Bohr 磁子である．端の効果は無視できるとして，以下の問に答えよ．

(1) サイト p の有効磁場 $\boldsymbol{H}_p$ を書き下せ．

(2) スピン角運動量 $\hbar \boldsymbol{S}_p$ の時間発展が $\boldsymbol{\mu}_p \times (\mu_0 \boldsymbol{H}_p)$ に等しい，すなわち，

$$\hbar \frac{d\boldsymbol{S}_p}{dt} = \boldsymbol{\mu}_p \times (\mu_0 \boldsymbol{H}_p)$$

であることを用いて，スピンの各成分に対する微分方程式を導出せよ．

(3) スピンの z 成分が支配的である，すなわち，$S_p^z = S$ および $S_p^x, S_p^y \ll S$ を仮定し，S_p^x と S_p^y に関する2次以上の項を無視することで，(2) で導出した微分方程式が線形化されることを示せ．

(4) (3) で得られた微分方程式を解いて，マグノン (スピン波) の分散関係を導出せよ．

第 11 章 磁性

問 83　2次元 Ising 模型と平均場近似

磁性体のモデルとして N サイトからなる 2次元 Ising 模型を考える. 各サイトに1つのスピン ($S_i = +1$ もしくは $S_i = -1$) が存在し, ハミルトニアン $\mathcal{H}$ は以下のように表される.

$$\mathcal{H} = -J \sum_{(i,j)} S_i \cdot S_j$$

ここで i, j はサイトの番号, $\sum_{(i,j)}$ は i と j が最隣接であるとき和をとることを示す. $J > 0$ とし, 強磁性状態が現れる場合を仮定する. 一般には磁場下を仮定してもよいが, 今回は考慮しない.

(1) 各サイトのスピンを, 系全体の平均 $\langle S \rangle = m$ からのずれ δS_i を用いて $S_i = m + \delta S_i$ で置き換える. δS_i に関する2次の項は無視し (平均場近似) Ising 模型のハミルトニアンを書き換えよ. 各サイトの隣接サイト数を z とせよ.

(2) 平均場近似のハミルトニアンから, カノニカルアンサンブルにおける分配関数を導き, Helmholtz の自由エネルギーから温度 T における磁化 m を求めよ.

(3) 転移温度近傍における磁化の振る舞いを求めよ.

問 84　古典論における磁性 (Bohr–van Leeuwen の定理)

古典論では熱平衡にある物質の磁化は 0 であることが知られており, これを一般に Bohr–van Leeuwen の定理と呼ぶ. 以下の問いに答えよ.

(1) 磁場下での自由電子のハミルトニアンを, ベクトルポテンシャル $\boldsymbol{A}$ を用いて書き下せ.

(2) (1) のハミルトニアンより N 個の自由電子からなる系の分配関数を求め, Helmholtz の自由エネルギーの磁場微分が磁化を与えることを用いて, 磁場中においても磁化が 0 であることを示せ.

問 85　スピン軌道相互作用と Landé の g 因子[†]

物理量 $\hat{f}(t)$ の時間変化は Heisenberg 方程式,

$$\frac{\mathrm{d}\hat{f}(t)}{\mathrm{d}t} = \frac{\mathrm{i}}{\hbar}\left[\hat{\mathcal{H}}, \hat{f}(t)\right]$$

に従う. スピン軌道相互作用を表すハミルトニアンが $\hat{\mathcal{H}}_{\mathrm{so}} = \lambda \hat{\boldsymbol{L}} \cdot \hat{\boldsymbol{S}}$ である場合, 合成軌道角運動量 $\hat{\boldsymbol{L}}$ と合成スピン角運動量 $\hat{\boldsymbol{S}}$ は結合して合成角運動量 $\hat{\boldsymbol{J}}$ を作る. 以下の問いに答えよ.

(1) 交換子を展開することにより $\hat{\boldsymbol{L}}, \hat{\boldsymbol{S}}$ に対する Heisenberg 方程式を書き下せ.

(2) この系において合成角運動量 $\hat{\boldsymbol{J}}$ の固有値 J が保存されることを示せ.

(3) 希土類化合物においては, 軌道角運動量, スピン角運動量の各々に代わって, それぞれの合成角運動量 $\hat{\boldsymbol{J}}$ が良い量子数となることが知られている. この理由を述べよ.

(4) 合成角運動量 $\hat{\boldsymbol{J}}$ が良い量子数である場合について Landé の g 因子を導出する. 電子の g 因子 g_e は, 原子の磁気モーメントとスピン角運動量 S の間の関係式,

$$\hat{\boldsymbol{\mu}} = \hat{\boldsymbol{L}} + g_e \hat{\boldsymbol{S}}$$

によって与えられる. 以下の問いに沿って Landé の g 因子を導出せよ.

問85　スピン軌道相互作用と Landé の g 因子†

(a) 磁気モーメントを $\hat{\boldsymbol{J}}$ に垂直な成分 $\hat{\boldsymbol{\mu}}_\perp$ と平行な成分 $\hat{\boldsymbol{\mu}}_J$ に分解する．このとき $\hat{\boldsymbol{\mu}}_\perp$ の時間平均がゼロとなることを示せ．

(b) Landé の g 因子 g_J は $\boldsymbol{\mu}_J$ を用いて，

$$\hat{\boldsymbol{\mu}}_J = -g_J \mu_B \hat{\boldsymbol{J}}$$

と定義される．このとき合成角運動量，合成軌道角運動量，合成スピン角運動量の固有値 J, L, S を用いて Landé の g 因子を表せ．ただし，$g_e = 2$ としてよい．

問86　希土類金属の角運動量と磁性†

希土類金属は $4f$ 電子 ($l = 3$) が磁性を担う．Ce^{3+} イオン ($4f^1$), Tb^{3+} イオン ($4f^8$), Yb^{3+} イオン ($4f^{13}$) について全スピン角運動量の大きさ S, 全軌道角運動量の大きさ L, 全角運動量の大きさ J, 基底多重項，Landé の g 因子 g_J, 有効 Bohr 磁子数 μ_eff を求めよ．ここで有効 Bohr 磁子数とは，Bohr 磁子に対する磁気モーメントの比に対応する．

問87　磁性イオンの磁気共鳴†

磁気共鳴について以下の問いに答えよ．

(1) $S = 3/2$ の磁性イオンがある．それに外部磁場 $\boldsymbol{H}$ を印加した際のスピンハミルトニアンは下のように表わされる．

$$\hat{\mathcal{H}} = D\left[S_z{}^2 - \frac{S(S+1)}{3}\right] + g\mu_B \hat{\boldsymbol{S}} \cdot (\mu_0 \boldsymbol{H})$$

外部磁場 $\boldsymbol{H}$ の方向を z 方向とした場合のエネルギー固有値を求めよ．ここで D はシングルイオン異方性定数 ($D > 0$), $\hat{\boldsymbol{S}}$ はスピン演算子，g は g 値，μ_0 は真空の透磁率，μ_B は Bohr 磁子を表す．

(2) 振動数 ν のマイクロ波で磁気共鳴を起こした際に，共鳴が起きる磁場 (共鳴磁場) はどのように表わされるか (共鳴磁場は3つ (低磁場側より H_1, H_2, H_3) ある)．但し，Planck 定数を h とし，入射マイクロ波のエネルギーは D より十分大きく，磁気共鳴は磁気量子数を m とした場合，$\Delta m = \pm 1$ で許容遷移である．

問88　遷移金属における軌道角運動量†

遷移金属化合物において，その遷移金属の磁気モーメントへの軌道角運動量の寄与は無視できることが知られている．これは，配位子との相互作用によって，遷移金属の d 電子の縮退が解けることによるものである．

(1) 全ての縮退が解けている場合，遷移金属イオンの最低エネルギーにおける軌道状態の波動関数は必ず実関数で与えられることを証明せよ．

(2) (1) の場合，軌道角運動量の期待値は 0 になることを証明せよ．

第12章 超伝導

問89 BCS理論の定性的説明[†]

超伝導状態とはどのような状態か．BCS理論に基づき理解されるような，電子–フォノン間の相互作用を媒介とする超伝導発現機構を仮定して説明せよ．

問90 超伝導体の侵入長[†]

超伝導では内部の磁束密度がゼロになる Meissner 効果と呼ばれる完全反磁性状態が観測される．London 方程式 $\nabla \times \boldsymbol{j} = -(n_s e^2/m)\boldsymbol{B}$ と Ampère の法則 $\nabla \times \boldsymbol{B} = \mu_0 \boldsymbol{j}$ を用いて，磁束密度が超伝導体内で速やかに減衰すること，および電流も超伝導体表面付近にしか存在しないことを示せ．

問91 超伝導体における磁束の量子化[†]

超伝導状態は巨視的な波動関数で特徴づけられ，$\psi(\boldsymbol{r}) = |\psi(\boldsymbol{r})|\exp[\mathrm{i}\phi(\boldsymbol{r})]$ のように表現できる．Ginzburg-Landau 方程式から，このときの電流密度 $\boldsymbol{j}_S$ が以下のように表されることが知られている．

$$\boldsymbol{j}_S(\boldsymbol{r}) = \frac{2e^2|\psi(\boldsymbol{r})|^2}{m}\left[\frac{\hbar}{2e}\nabla\phi(\boldsymbol{r}) - \boldsymbol{A}(\boldsymbol{r})\right]$$

ここで $\boldsymbol{A}$ はベクトルポテンシャルである．今，超伝導物質に磁束が侵入していることを仮定する．このとき磁束の周りには超伝導電流が流れる．

(1) 任意の閉回路で線積分した場合の $\oint_C \nabla\phi(\boldsymbol{r}) \cdot \mathrm{d}\boldsymbol{l}$ を求めよ．

(2) ベクトルポテンシャルの周回線積分を磁束密度 $\boldsymbol{B}(\boldsymbol{r})$ を用いて書きなおせ．

(3) 磁束より十分に離れた領域を考え，磁束周りに1周線積分することを考える．これにより超伝導状態に侵入している磁束が量子化されていることを導け．

問92 超伝導体の分類と臨界磁場[†]

(1) 超伝導体には第 I 種超伝導体と第 II 種超伝導体が存在する．それぞれの外部磁場依存性に関する特徴について述べよ．

(2) 第 II 種超伝導体が $H_{c1} < H < H_{c2}$ の磁場中にあるとき，磁場が磁束量子 ($\phi_0 = h/2e$) まで分割された渦糸の形で超伝導体内部に取り込まれて周期的に配列し，図 12.1 のような三角格子 (渦糸中心間距離 d) を形成する．ここで H_{c1}, H_{c2} は下部臨界磁場，上部臨界磁場をそれぞれ表す．このとき d は外部磁場 $\boldsymbol{H} = \boldsymbol{B}/\mu_0$ と ϕ_0 を用いてどのように表されるか．

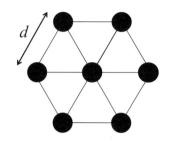

図 12.1: 渦糸が形成する三角格子

問93　超伝導体における Cooper 対の形成機構[†]

超伝導の微視的な理論を構築する際の突破口となった「Cooper 問題」に関して考える．格子振動は Fermi 面近傍の電子間に有効引力をもたらす場合があることが知られている．そこで，3 次元の Fermi 面上に付け加えられた 2 つの電子間に引力が働いた場合の束縛状態について調べていくことにする．具体的には，もっとも簡単な場合として，2 電子が重心運動なしで等方的な s 波束縛状態を形成するという可能性を検討する．

(1) Schrödinger 方程式は，電子の質量 m，相互作用ポテンシャル U，Fermi エネルギー ϵ_F を用いて，

$$\left[\frac{\hat{\bm{p}}_1^{\,2}}{2m} + \frac{\hat{\bm{p}}_2^{\,2}}{2m} + U(|\bm{r}_1-\bm{r}_2|)\right]\phi(|\bm{r}_1-\bm{r}_2|) = (\epsilon + 2\epsilon_\mathrm{F})\,\phi(|\bm{r}_1-\bm{r}_2|)$$

とできる．ここで ϵ は $2\epsilon_\mathrm{F}$ を基準とする 2 電子状態のエネルギーである．系の体積を V とし，軌道波動関数とポテンシャルを，

$$\phi(|\bm{r}_1-\bm{r}_2|) = \frac{1}{\sqrt{V}}\sum_{\bm{k}} \phi_{\bm{k}}\mathrm{e}^{\mathrm{i}\bm{k}\cdot(\bm{r}_1-\bm{r}_2)}$$
$$U(r) = \sum_{\bm{k}} U_{\bm{k}}\mathrm{e}^{\mathrm{i}\bm{k}\cdot\bm{r}}$$

と Fourier 級数展開したものを用いて，波数空間における Schrödinger 方程式を導け．

(2) s 波状態を議論するので，(1) で導いた式において，$U(|\bm{r}_1-\bm{r}_2|)$ の Fourier 変換を Legendre 関数で展開した $l=0$ の成分 $U_0(k,k')$ だけ考えてやればよい．このとき，$C_k \equiv [2(\epsilon_k - \epsilon_\mathrm{F}) - \epsilon]\phi_k$ が積分方程式，

$$C_k = -\int_{\epsilon_\mathrm{F}}^{\infty} D(\epsilon_{k'}) \frac{U_0(k,k')}{2(\epsilon_{k'}-\epsilon_\mathrm{F})-\epsilon} C_{k'} \mathrm{d}\epsilon_{k'}$$

に従うことを示せ．ここで $\epsilon_k = \hbar^2 k^2/2m$ は 1 電子の運動エネルギー，$D(\epsilon)$ は 1 スピンあたりの状態密度である．

(3) Fermi 面付近にのみ引力が働くモデルとして，

$$U_0 = -\Gamma_0 \theta(\epsilon_\mathrm{c} - |\epsilon_k - \epsilon_\mathrm{F}|)\,\theta(\epsilon_\mathrm{c} - |\epsilon_{k'} - \epsilon_\mathrm{F}|)$$

を採用する．ここで，Γ_0 は正の定数，$\theta(x)$ は階段関数である．ただし，今の場合のカットオフエネルギー ϵ_c は Debye 振動数で特徴づけられるエネルギースケールの量であり，Fermi エネルギーに比べて十分小さいとしてよい．また，今のように U_0 をとると，C_k はある定数 C_0 を用いて，

$$C_k = C_0 \theta(\epsilon_\mathrm{c} - |\epsilon_k - \epsilon_\mathrm{F}|)$$

と書ける．このことと，(2) で導出した積分方程式を用いて，$\Gamma_0 \to 0$ におけるエネルギー ϵ を求めることにより，無限小の引力により束縛状態（$\epsilon < 0$ の状態のこと）が形成されることを示せ．この束縛状態を形成する電子対は Cooper 対と呼ばれる．

問 94　Josephson 接合と超伝導リング[†]

(1) 2つの等しい超伝導体で幅 d の絶縁体を挟んだ接合系を考える．このとき，幅 d が十分小さいとすると絶縁体の両側の超伝導体の波動関数 ϕ_1, ϕ_2 は互いの領域へ漏れ出ることが予想される．このことを踏まえて，Schrödinger 方程式，

$$i\hbar \frac{\partial \phi_1}{\partial t} = K\phi_2$$

$$i\hbar \frac{\partial \phi_2}{\partial t} = K\phi_1$$

が成り立つとする．K は2つの状態間の結合を表すパラメータである．このとき ϕ_1, ϕ_2 を以下のように仮定してこの方程式を解き，位相差 $\theta_2 - \theta_1$ に対して電流値 (電子の波動関数の振幅の時間変化 $\dot{\rho}_1(=-\dot{\rho}_2)$) に比例する量が振動することを示せ．一般にこの現象を Josephson 効果と呼ぶ．

$$\phi_n = \sqrt{\rho_n} e^{i\theta_n} \quad (n = 1, 2)$$

(2) 図 12.2 ような一部分が絶縁体である超伝導リングに対し垂直方向に磁場を印加する状況を考える．磁場中では位相が位置に依存し，

$$\theta_1 - \theta_3 = \frac{2e}{\hbar} \int \boldsymbol{A} \cdot d\boldsymbol{r}$$

$$\theta_2 - \theta_4 = \frac{2e}{\hbar} \int \boldsymbol{A} \cdot d\boldsymbol{r}$$

と書ける．$\boldsymbol{A}$ はベクトルポテンシャルである．絶縁体部分が十分狭いとして，(1) の結果を用いて，P から Q へ流れる電流が磁場の強度に応じて振動することを示せ．また回路を流れる電流の最大値を計算せよ．

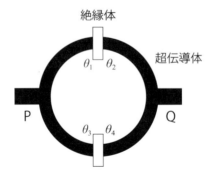

図 12.2: 絶縁体で接合された超伝導リング

(3) このような超伝導体でできたリングを用いると物質の磁場を高感度で測定できることが知られている．(2) の結果を用いてその方法を説明せよ．

第13章 測定法

問95 有効質量の測定法

固体中の電子の有効質量 m^* を決定するためには，どのような物理量を測定すればよいか．例を3つ挙げ，物理量と有効質量がどのような関係式で結ばれるか述べよ．

問96 バンドギャップの決定法

バンドギャップのエネルギーを決定する実験方法を1つ挙げ，説明せよ．

問97 核磁気共鳴法†

核磁気共鳴法について以下の問いに答えよ．

(1) 核磁気共鳴法の原理の概略を述べよ．

(2) 核磁気共鳴法は，化学分野では分子構造の特定などに有用な実験手法の一つである．このような応用が可能となる理由を簡潔に説明せよ．

(3) 核磁気共鳴法は，物理分野では物性研究に有用な実験手法の一つである．このような応用が可能となる理由を簡潔に説明せよ．

問98 構造パラメータの解析法†

物質内部の周期性の低い 1 [nm] 〜 1 [μm] 程度の大きさの構造パラメータ (大きさ，形状，周期性等) の解析法として，X線小角散乱 (Small-angle X-ray sacattering: SAXS) 法がある．どのような測定方法か，また，なぜ上記測定対象に対して有効かを述べよ．

問99 温度の測定法

温度の測定法を3つ挙げ，それぞれ原理，適用条件等について概説せよ．

問100 光電子分光の原理†

仕事関数 ϕ を持つ固体に振動数 ν の光を照射したとき，束縛エネルギー E_B を持つ電子が励起され，E_K の運動エネルギーを持って固体外部に飛び出す．このことを外部光電効果と呼ぶ．これらのエネルギーの間に成り立つ関係式を書け．また，これを利用した光電子分光 (Photoemission Spectroscopy: PES) の原理について説明せよ．

解答例

第1章 物性物理のための量子力学・統計力学・相対論【解答例】

問1 量子力学における基底変換【解答例】

(1) 2組の完全規格直交系 $\{|a_i\rangle\}$, $\{|b_i\rangle\}$ に対して以下の関係が成立する.

$$\langle a_i | a_j \rangle = \delta_{ij}, \qquad \sum_i |a_i\rangle \langle a_i| = \hat{I}$$

$$\langle b_i | b_j \rangle = \delta_{ij}, \qquad \sum_i |b_i\rangle \langle b_i| = \hat{I}$$

ここで $\hat{I}$ は恒等演算子, $\sum_i$ は全ての規格直交基底に対する和を表している. $\hat{U}$ は規格直交系の変換を与えるため, 任意の i について以下のように書ける.

$$|b_i\rangle = \hat{U} |a_i\rangle$$

すなわち $\hat{U} = \sum_j |b_j\rangle \langle a_j|$ と与えることができるため, 以下の関係が得られる.

$$\hat{U}^\dagger \hat{U} = \sum_{i,j} |a_i\rangle \langle b_i | b_j \rangle \langle a_j| = \sum_i |a_i\rangle \langle a_i| = \hat{I}$$

(2) 位置空間, 運動量空間における波動関数はそれぞれ以下のように表現される.

$$\psi(x) = \langle x | \psi \rangle, \qquad \psi(p) = \langle p | \psi \rangle$$

(1) と同様に恒等演算子 $\hat{I}$ の分解を用いると, 以下のように書き換えることができる.

$$\psi(x) = \langle x | \left(\int dp \, |p\rangle \langle p| \right) |\psi\rangle = \int \langle x | p \rangle \langle p | \psi \rangle dp = \int \psi(p) \langle x | p \rangle dp \tag{1A.1}$$

運動量演算子に対して,

$$\hat{p} |p\rangle = \int \left(-i\hbar \frac{\partial}{\partial x'} \langle x' | p \rangle \right) |x'\rangle \, dx'$$

が成立することから, 両辺に $\langle x|$ を作用させると, 以下の関係が得られる.

$$p \langle x | p \rangle = -i\hbar \frac{\partial}{\partial x} \langle x | p \rangle$$

この微分方程式を解くと,

$$\langle x | p \rangle = N \exp \left(\frac{ipx}{\hbar} \right) \tag{1A.2}$$

となる. 次に規格化定数 N を求めるために $\langle x | x' \rangle = \delta(x - x')$ の左辺に恒等演算子の分解を適用する. つまり,

$$\langle x | x' \rangle = \int \langle x | p \rangle \langle p | x' \rangle dp = |N|^2 \int \exp \left(\frac{ip(x-x')}{\hbar} \right) dp = 2\pi\hbar |N|^2 \delta(x-x')$$

よって $N = 1/\sqrt{2\pi\hbar}$ となり式 (1A.1), (1A.2) より, 以下の式が得られる.

$$\psi(x) = \frac{1}{\sqrt{2\pi\hbar}} \int \psi(p) \exp \left(\frac{ipx}{\hbar} \right) dp$$

つまり, 位置空間における波動関数 $\psi(x)$ から運動量空間における波動関数 $\psi(p)$ への変換が Fourier 変換となっている.

問2　立方体中に閉じ込められた自由粒子【解答例】

(1) 自由粒子の Schrödinger 方程式は変数分離法により容易に解けて, 周期境界条件の下での波動関数は以下のようになる.
$$\psi(x,y,z) = L^{-3/2} e^{i\boldsymbol{k}\cdot\boldsymbol{r}}$$

ここで, $\alpha = x, y, z$ に対して $k_\alpha = 2\pi n_\alpha/L$ である. ただし, n_α は整数である. エネルギー固有値は以下のようになる.
$$E = \frac{\hbar^2}{2m}\left(\frac{2\pi}{L}\right)^2 (n_x^2 + n_y^2 + n_z^2)$$

(2) (1) と同様にすればよい. 壁面での $\psi(x,y,z) = 0$ という境界条件の下での波動関数は, 壁が $x=0, y=0, z=0$ にあるとすれば, 以下のようになる.
$$\psi(x,y,z) = \left(\frac{2}{L}\right)^{3/2} \sin(k_x x) \sin(k_y y) \sin(k_z z)$$

ここで, $\alpha = x, y, z$ に対して $k_\alpha = \pi n_\alpha/L$ である. 物理的に意味のある解を重複なく数えることにすると, n_α は自然数に限ればよいことには注意が必要である. エネルギー固有値は以下のようになる.
$$E = \frac{\hbar^2}{2m}\left(\frac{\pi}{L}\right)^2 (n_x^2 + n_y^2 + n_z^2)$$

(3) エネルギー固有値を, ある定数 E_0 を用いて,
$$E = E_0 (n_x^2 + n_y^2 + n_z^2)$$

と書き表せば, エネルギーが E 以下である状態の数は,
$$n_x^2 + n_y^2 + n_z^2 \leq \frac{E}{E_0}$$

を満たす整数または自然数の組, (n_x, n_y, n_z) の総数であるといえる. つまり, 半径 $\sqrt{E/E_0}$ の球の内側にある格子点の総数を数え上げればよい. (2) の境界条件の場合は, (1) の周期境界条件の場合に比べて球の半径が2倍になっているが, 数え上げる範囲が $n_\alpha > 0$ の領域に限られるので, 状態の数としては変わらないことがわかる.

問3　ポテンシャル中の電子の振る舞い【解答例】

(1) 無限に深い1次元井戸型ポテンシャル中の電子の Schrödinger 方程式は,
$$-\frac{\hbar^2}{2m}\left[\frac{\partial^2}{\partial x^2} + V(x)\right]\psi(x) = E\psi(x)$$

で与えられる. ここでポテンシャル $V(x)$ は,
$$V(x) = \begin{cases} 0 & (0 \leq x \leq L) \\ \infty & (その他) \end{cases}$$

である. この場合, $\psi(x=0, L) = 0$ なので, 波動関数は,
$$\psi(x) = \left(\frac{2}{L}\right)^{1/2} \sin\left(\frac{n\pi}{L}x\right)$$

であり，エネルギー固有値は，
$$E_n = \frac{\hbar^2}{2m}\left(\frac{n\pi}{L}\right)^2$$
である．ここで，n は自然数である．したがって，鎖状分子を長くすれば，より長波長側で電子励起による吸光が起こる．

(2) Schrödinger 方程式は，ポテンシャル $V(x)$ を用いて，
$$-\frac{\hbar^2}{2m}\left[\frac{\partial^2}{\partial x^2} + V(x)\right]\psi(x) = E\psi(x)$$

と書ける．(1) $x<0$, (2) $0 \leq x \leq L$, (3) $L<x$ の 3 つの領域での解を $\psi_1(x), \psi_2(x), \psi_3(x)$ とすれば，
$$\psi_1(x) = Ae^{ikx} + Be^{-ikx}$$
$$\psi_2(x) = Ce^{\rho x} + De^{-\rho x}$$
$$\psi_3(x) = Fe^{ikx}$$

と書くことができる．ここで，$k = \sqrt{2mE}/\hbar$, $\rho = \sqrt{2m(V_0-E)}/\hbar$ である．$x=0, L$ で波動関数とその微分が連続であるという条件を課せば，各係数が満たす関係式，
$$A + B = C + D$$
$$A - B = \frac{\rho}{ik}(C - D)$$
$$Ce^{\rho L} + De^{-\rho L} = Fe^{ikL}$$
$$Ce^{\rho L} - De^{-\rho L} = \frac{ik}{\rho}Fe^{ikL}$$

を得る．これらより，
$$2A = \left(1 + \frac{\rho}{ik}\right)C + \left(1 - \frac{\rho}{ik}\right)D$$
$$2C = \left(1 + \frac{ik}{\rho}\right)e^{-\rho L}e^{ikL}F$$
$$2D = \left(1 - \frac{ik}{\rho}\right)e^{\rho L}e^{ikL}F$$

として，B, C, D を消去することで，透過率 T は，
$$T \equiv \left|\frac{F}{A}\right|^2 = \left[1 + \frac{1}{4}\left(\frac{k}{\rho} + \frac{\rho}{k}\right)^2 \sinh^2(\rho L)\right]^{-1}$$

となることがわかる．

(3) 複数の電子を含む原子を考える．各々の電子は原子核からの引力ポテンシャルと，他の電子からの斥力ポテンシャルを感じる．原子核付近の，他の電子による斥力ポテンシャルよりも引力ポテンシャルが支配的である領域では，ほとんど裸の引力ポテンシャルによりエネルギー利得を生じる．一方において，原子核から離れ，他の電子による遮蔽が充分である領域では，おおよそ電荷 1 個分の引力ポテンシャルによりエネルギー利得を生じる．この利得の差により，水素様原子との差異が生じうることがわかる．

また，同じ主量子数を持つ軌道間の縮退が解けることに関しては，原子核付近での電子の存在確率に注目すればよい．同じ主量子数であれば，軌道角運動量が小さい方が原子核付近の電子の存在確率が大きくなり大きなエネルギー利得を生じるので，$s, p, d, \ldots$ の順に占有されていくことがわかる．

問 4 量子力学における調和振動子【解答例】

(1) $\chi_n(x-\lambda)$ は単純に，並進演算子 $\hat{U}(-\lambda)$ を $\chi_n(x)$ に作用させることで表現できる．すなわち，

$$\chi_n(x-\lambda) = \hat{U}(-\lambda)\chi_n(x) = \left(1 - \frac{\lambda}{1!}\frac{\mathrm{d}}{\mathrm{d}x} + \frac{\lambda^2}{2!}\frac{\mathrm{d}^2}{\mathrm{d}x^2} + \cdots + \frac{(-\lambda)^n}{n!}\frac{\mathrm{d}^n}{\mathrm{d}x^n} + \cdots\right)\chi_n(x)$$

これは Fourier 変換すれば明らかである．つまり，

$$\chi_n(x) \equiv \int_{-\infty}^{\infty} \tilde{\chi}_n(k)\mathrm{e}^{\mathrm{i}kx}\mathrm{d}k$$

$$\chi_n(x-\lambda) = \int_{-\infty}^{\infty} \tilde{\chi}_n(k)\mathrm{e}^{\mathrm{i}k(x-\lambda)}\mathrm{d}k$$

$$\hat{U}(-\lambda)\chi_n(x) = \exp\left(-\lambda\frac{\mathrm{d}}{\mathrm{d}x}\right)\int_{-\infty}^{\infty} \tilde{\chi}_n(k)\mathrm{e}^{\mathrm{i}kx}\mathrm{d}k$$

$$= \int_{-\infty}^{\infty} \tilde{\chi}_n(k)\mathrm{e}^{\mathrm{i}k(x-\lambda)}\mathrm{d}k$$

(2) 以下の関数を定義する．

$$f(t) \equiv \mathrm{e}^{t\hat{A}}\mathrm{e}^{t\hat{B}} \equiv \mathrm{e}^{g(t)}$$

$$g(t) = \log\left[\mathrm{e}^{t\hat{A}}\mathrm{e}^{t\hat{B}}\right]$$

$t=1, \hat{A} = b\hat{a}^\dagger, \hat{B} = -b\hat{a}$ のときの $g(t)$ を得ることで証明を行う．$f(t)$ の Taylor 展開は，

$$f(t) = f(0) + f'(0)t + \frac{1}{2}f''(0)t^2 + \frac{1}{6}f'''(0)t^3 + \cdots$$

となり，$f'(t), f''(t), f'''(t)$ は以下となる．

$$f'(t) = \mathrm{e}^{t\hat{A}}(\hat{A}+\hat{B})e^{t\hat{B}}$$

$$f''(t) = \mathrm{e}^{t\hat{A}}\left[\hat{A}(\hat{A}+\hat{B}) + (\hat{A}+\hat{B})\hat{B}\right]\mathrm{e}^{t\hat{B}}$$

$$= \mathrm{e}^{t\hat{A}}(\hat{A}^2 + 2\hat{A}\hat{B} + \hat{B}^2)\mathrm{e}^{t\hat{B}}$$

$$= \mathrm{e}^{t\hat{A}}\left\{(\hat{A}+\hat{B})^2 + [\hat{A},\hat{B}]\right\}\mathrm{e}^{t\hat{B}}$$

$$f'''(t) = \mathrm{e}^{t\hat{A}}(\hat{A}^3 + 2\hat{A}^2\hat{B} + \hat{A}\hat{B}^2 + \hat{A}^2\hat{B} + 2\hat{A}\hat{B}^2 + \hat{B}^3)\mathrm{e}^{t\hat{B}}$$

$$= \mathrm{e}^{t\hat{A}}(\hat{A}^3 + 3\hat{A}^2\hat{B} + 3\hat{A}\hat{B}^2 + 3\hat{A}\hat{B}^2 + \hat{B}^3)\mathrm{e}^{t\hat{B}}$$

$$= \mathrm{e}^{t\hat{A}}\left\{(\hat{A}+\hat{B})^3 + \hat{A}[\hat{A},\hat{B}] + [\hat{A}^2,\hat{B}] + [\hat{A},\hat{B}]\hat{B} + [\hat{A},\hat{B}^2]\right\}\mathrm{e}^{t\hat{B}}$$

以上より，$g(t) = tc_1 + t^2 c_2$ となる c_1, c_2 を決定する．$F(t) \equiv f(t) - 1$ として，

$$g(t) = \log[f(t)] = \log[1+F(t)]$$

$$= F(t) - \frac{1}{2}F(t)^2 + \cdots$$

$$= f'(0)t + \frac{1}{2}f''(0)t^2 - \frac{1}{2}\left[f'(0)t + \frac{1}{2}f''(0)t^2\right]^2 + \cdots$$

これより，$c_1 = f'(0) = \hat{A} + \hat{B}, c_2 = f''(0) - f'(0)^2/2 = [\hat{A},\hat{B}]/2$ が求められる．これより高次の項はここまでの導出より交換子と演算子の交換関係でつくられるものであることがわかる．$\hat{a}^\dagger, \hat{a}$ の交換子が c-数であることにより，$F(t)$ の 3 次以降の項は寄与しない．例えば t の 3 次は $[\hat{A}-\hat{B},[\hat{A},\hat{B}]]/12$ となる．よって $\hat{A} = b\hat{a}^\dagger, \hat{B} = -b\hat{a}$ を代入して，

$$\mathrm{e}^{b\hat{a}^\dagger}\mathrm{e}^{-b\hat{a}} = \exp\left\{b(\hat{a}^\dagger - \hat{a}) + \frac{b^2}{2}[\hat{a}^\dagger, -\hat{a}]\right\}$$

よって,
$$e^{b(\hat{a}^\dagger - \hat{a})} = e^{b\hat{a}^\dagger} e^{-b\hat{a}} e^{(b^2/2)[\hat{a}^\dagger, \hat{a}]}$$

(3) Franck–Condon 因子は以下のように計算すると求めることができる.
$$\left|\int_{-\infty}^\infty \chi_n^*(x)\chi_0(x-\lambda)\right|^2 = \left|\int_{-\infty}^\infty \chi_n^*(x)e^{-\lambda \frac{d}{dx}}\chi_0(x)\right|^2 = \left|\int_{-\infty}^\infty \chi_n^*(x)e^{\bar{\lambda}\hat{a}^\dagger} e^{-\bar{\lambda}\hat{a}} e^{-\frac{\bar{\lambda}^2}{2}}\chi_0(x)\right|^2$$
$$= e^{-\bar{\lambda}^2}\frac{\bar{\lambda}^{2n}}{n!} = e^{-m\omega\lambda^2/2\hbar}\left(\frac{m\omega}{2\hbar}\right)^n \frac{\lambda^{2n}}{n!}$$

ここで $\bar{\lambda} \equiv \sqrt{m\omega/(2\hbar)}\lambda$ として計算した.

問5 変分法による波動関数の導出【解答例】

ハミルトニアンは,
$$\hat{\mathcal{H}} = -\frac{\hbar^2}{2m}\frac{d^2}{dx^2} + Ax^4$$
となる. ここから以下の式を用いてエネルギー期待値 E を求める.
$$E = \frac{\langle\psi_0|\hat{\mathcal{H}}|\psi_0\rangle}{\langle\psi_0|\psi_0\rangle} \tag{1A.3}$$
問題文で与えられた積分公式を用いて, 式 (1A.3) の分母分子を以下のように計算する.
$$\langle\psi_0|\psi_0\rangle = \int_{-\infty}^\infty e^{-\alpha x^2}\,dx = \sqrt{\frac{\pi}{\alpha}}$$
$$\langle\psi_0|\hat{\mathcal{H}}|\psi_0\rangle = -\frac{\hbar^2}{2m}\int_{-\infty}^\infty e^{-\frac{1}{2}\alpha x^2}\frac{d^2}{dx^2}\left(e^{-\frac{1}{2}\alpha x^2}\right)\,dx + A\int_{-\infty}^\infty x^4 e^{-\alpha x^2}\,dx$$
$$= -\frac{\hbar^2}{2m}\int_{-\infty}^\infty (\alpha^2 x^2 - \alpha)e^{-\alpha x^2}\,dx + A\int_{-\infty}^\infty x^4 e^{-\alpha x^2}\,dx$$
$$= -\left(\frac{\hbar^2}{2m}\right)\left(\alpha^2 \frac{1}{2\alpha}\sqrt{\frac{\pi}{\alpha}} - \alpha\sqrt{\frac{\pi}{\alpha}}\right) + A\frac{3}{4\alpha^2}\sqrt{\frac{\pi}{\alpha}}$$
これらを式 (1A.3) に代入してエネルギーを以下のように表せる.
$$E = \frac{\hbar^2 \alpha}{4m} + \frac{3A}{4\alpha^2} \tag{1A.4}$$
ここからパラメータ α を変化させたときのエネルギーの最小値を探す. 極値では E が α に対して変化しないから, 以下の式が導ける.
$$\frac{\partial}{\partial\alpha}E = \frac{\hbar^2}{4m} - \frac{3A}{2\alpha^3} = 0$$
よって,
$$\alpha = \left(\frac{6Am}{\hbar^2}\right)^{1/3}$$
となり, これを問題文で与えられた波動関数の式および式 (1A.4) に代入することで基底状態のエネルギーの近似的な表式とそのときの波動関数が以下のように求められる.
$$E = \frac{3\hbar^2}{8m}\left(\frac{6Am}{\hbar^2}\right)^{1/3}$$
$$\psi_0 = \exp\left[-\frac{1}{2}\left(\frac{6Am}{\hbar^2}\right)^{1/3} x^2\right]$$

第 1 章 物性物理のための量子力学・統計力学・相対論【解答例】

問 6　1 次元非調和振動子の熱膨張係数【解答例】

x の平均値 $\langle x \rangle$ は,

$$\langle x \rangle = \frac{\int_{-\infty}^{\infty} x \exp\left[-U(x)/(k_\mathrm{B}T)\right] \mathrm{d}x}{\int_{-\infty}^{\infty} \exp\left[-U(x)/(k_\mathrm{B}T)\right] \mathrm{d}x}$$

$$= \frac{\int_{-\infty}^{\infty} x \exp\left[-\left(cx^2 - gx^3 - fx^4\right)/(k_\mathrm{B}T)\right] \mathrm{d}x}{\int_{-\infty}^{\infty} \exp\left[-\left(cx^2 - gx^3 - fx^4\right)/(k_\mathrm{B}T)\right] \mathrm{d}x}$$

で表される. 非調和項のエネルギーが $k_\mathrm{B}T$ より十分小さいという仮定より,

$$\exp\left[\frac{gx^3 + fx^4}{k_\mathrm{B}T}\right] \approx 1 + \frac{gx^3 + fx^4}{k_\mathrm{B}T}$$

となる. 積分範囲が $-\infty$ から ∞ であるため, 被積分関数が偶関数の場合のみ値を持つことから,

$$\int_{-\infty}^{\infty} x \exp\left[-\frac{cx^2}{k_\mathrm{B}T}\right]\left(1 + \frac{gx^3 + fx^4}{k_\mathrm{B}T}\right) \mathrm{d}x = \frac{g}{k_\mathrm{B}T} \int_{-\infty}^{\infty} x^4 \exp\left[-\frac{cx^2}{k_\mathrm{B}T}\right] \mathrm{d}x$$

$$= \frac{3\sqrt{\pi}g}{4k_\mathrm{B}T}\left(\frac{k_\mathrm{B}T}{c}\right)^{5/2}$$

$$\int_{-\infty}^{\infty} \exp\left[-\frac{cx^2}{k_\mathrm{B}T}\right]\left(1 + \frac{gx^3 + fx^4}{k_\mathrm{B}T}\right) \mathrm{d}x = \int_{-\infty}^{\infty} \exp\left[-\frac{cx^2}{k_\mathrm{B}T}\right] \mathrm{d}x + \frac{f}{k_\mathrm{B}T} \int_{-\infty}^{\infty} x^4 \exp\left[-\frac{cx^2}{k_\mathrm{B}T}\right] \mathrm{d}x$$

$$= \sqrt{\frac{\pi k_\mathrm{B}T}{c}} + \frac{3\sqrt{\pi}f}{4k_\mathrm{B}T}\left(\frac{k_\mathrm{B}T}{c}\right)^{5/2}$$

$$\approx \sqrt{\frac{\pi k_\mathrm{B}T}{c}}$$

と計算できる. よって,

$$\langle x \rangle = \frac{\frac{3\sqrt{\pi}g}{4k_\mathrm{B}T}\left(\frac{k_\mathrm{B}T}{c}\right)^{5/2}}{\sqrt{\frac{\pi k_\mathrm{B}T}{c}}} = \frac{3gk_\mathrm{B}T}{4c^2}$$

を得る. すなわち, 熱膨張係数 κ は,

$$\kappa = \frac{\mathrm{d}\langle x \rangle}{\mathrm{d}T} = \frac{3gk_\mathrm{B}}{4c^2}$$

と表される.

問 7　Bose 粒子と Fermi 粒子の波動関数【解答例】

(1) $\hat{T}$ を $\psi(\boldsymbol{r}_1, \boldsymbol{r}_2)$ に作用させた場合, 粒子の位置が交換されるため, $\psi(\boldsymbol{r}_2, \boldsymbol{r}_1)$ と位相差のみの違いが許される.

$$\hat{T}\psi(\boldsymbol{r}_1, \boldsymbol{r}_2) = \mathrm{e}^{\mathrm{i}\theta}\psi(\boldsymbol{r}_2, \boldsymbol{r}_1)$$

2 回作用させた場合,

$$\hat{T}^2\psi(\boldsymbol{r}_1, \boldsymbol{r}_2) = \mathrm{e}^{\mathrm{i}2\theta}\psi(\boldsymbol{r}_1, \boldsymbol{r}_2) = \psi(\boldsymbol{r}_1, \boldsymbol{r}_2)$$

であるため $\theta = 0, \pi \pmod{2\pi}$ となり, $\alpha = \pm 1$ と求められる.

(2) 粒子の交換による符号の変化を考慮した場合, $\alpha = \pm 1$ を用いて,

$$\psi(\boldsymbol{r}_1, \boldsymbol{r}_2) = \frac{1}{\sqrt{2}}\left\{\psi_1(\boldsymbol{r}_1)\psi_2(\boldsymbol{r}_2) + \alpha\psi_1(\boldsymbol{r}_2)\psi_2(\boldsymbol{r}_1)\right\}$$

と書ける. ψ_1 と ψ_2 が同じ状態である場合, $\alpha = -1$ の場合はゼロとなる. これにより同じ状態の 2 重占有が禁止され, $\alpha = -1$ が Fermi 粒子, $\alpha = 1$ が Bose 粒子となる.

問8 Bose粒子とFermi粒子の統計性【解答例】

定義通りに大分配関数を書き下すと，

$$\Xi = \sum_{N=0}^{\infty} \sum_{\{n_i\}}{}' e^{-\beta \sum_i \epsilon_i n_i + \beta \mu \sum_i n_i}$$

となる．ここで，$\sum'$ は全粒子数 N の下での可能な粒子数の組 $\{n_i\}$ についての和を意味する．したがって，上式の2重和は全粒子数 N の拘束条件の下で和をとった後に，N に関して和をとることになる．これは，はじめから拘束条件を外して可能な粒子数の組 $\{n_i\}$ に関しての和をとることに等しい．よって，

$$\Xi = \sum_{\{n_i\}} \prod_i e^{-\beta(\epsilon_i - \mu)n_i}$$

と書き換えることができる．各 n_i に関する和は独立に実行できるので，直ちに，

$$\Xi = \prod_i \sum_{n_i} e^{-\beta(\epsilon_i - \mu)n_i} = \prod_i \left(1 \pm e^{-\beta(\epsilon_i - \mu)}\right)^{\pm 1}$$

を得る．ただし，複号は $+$ が Fermi 統計に従う場合，$-$ が Bose 統計に従う場合を表す．
これより，粒子数の期待値は，

$$\langle N \rangle = \frac{1}{\Xi} \sum_{N=0}^{\infty} \sum_{\{n_i\}}{}' N e^{-\beta \sum_i \epsilon_i n_i + \beta \mu \sum_i n_i} = \frac{1}{\beta} \frac{\partial}{\partial \mu} \ln \Xi = \sum_i \frac{1}{e^{\beta(\epsilon_i - \mu)} \pm 1}$$

となり，N の定義から，状態 i を占める粒子数の期待値は，

$$\langle n_i \rangle = \frac{1}{e^{\beta(\epsilon_i - \mu)} \pm 1}$$

となる．これについても，複号は $+$ が Fermi 統計に従う場合，$-$ が Bose 統計に従う場合を表す．

問9 ゴム弾性の統計力学による解析【解答例】

ゴムの各要素が右向きか左向きかを考えるとよいので，右向き要素の数を N_+，左向き要素の数を N_- とする．つまり $N = N_+ + N_-$ とし，$x = (N_+ - N_-)a$ である．状態数は，

$$W = \frac{N!}{N_+! N_-!}$$

であり，Boltzmann の関係式よりエントロピーは，

$$S = k_B \ln \frac{N!}{N_+! N_-!}$$

となる．N, N_+, N_- が十分大きいとし，Stirling の公式 $\ln n! \approx n \ln n - n$ を用いると，

$$S = k_B [N \ln N - N - (N_+ \ln N_+ - N_+ + N_- \ln N_- - N_-)]$$
$$= k_B \left[N \ln N - \left(\frac{N + x/a}{2} \ln \frac{N + x/a}{2} + \frac{N - x/a}{2} \ln \frac{N - x/a}{2} \right) \right]$$

となる．ここで，内部エネルギーはゴムの長さによらないことから，温度を T とすると，張力 X は Helmholtz の自由エネルギー $F = U - TS$ を用いて以下のように計算できる．

$$X = \left(\frac{\partial F}{\partial x} \right)_T = -T \left(\frac{\partial S}{\partial x} \right)_T = \frac{k_B T}{2a} \ln \frac{1 + x/(Na)}{1 - x/(Na)}$$

張力一定の下では，$x \ll Na$ を用いて，

$$x \approx \frac{Na^2 X}{k_B T}$$

と近似できるため，温度上昇に反比例してゴムは縮むことがわかる．

問10　表面吸着の統計力学による解析【解答例】

(1) 吸着分子数が N 個とすると，吸着の仕方は，

$$\frac{N_s!}{N!(N_s-N)!}$$

通りある．これらはすべて同じエネルギー $-\epsilon_0 N$ を持つので，分配関数 Z_N は以下のようになる．

$$Z_N = \frac{N_s!}{N!(N_s-N)!} e^{\beta\epsilon_0 N}$$

(2) (1) の結果より，大分配関数 Ξ は，

$$\Xi = \sum_{N=0}^{N_s} Z_N e^{\beta\mu N} = \sum_{N=0}^{N_s} \frac{N_s!}{N!(N_s-N)!} e^{\beta\epsilon_0 N + \beta\mu N} = \left(1 + e^{\beta(\mu+\epsilon_0)}\right)^{N_s}$$

とできる．したがって，吸着分子数の期待値は，

$$\langle N \rangle = \frac{1}{\Xi}\sum_{N=0}^{N_s} N e^{\beta\mu N} Z_N = \frac{1}{\beta}\frac{\partial}{\partial \mu}\ln\Xi = \frac{N_s e^{\beta(\mu+\epsilon_0)}}{1+e^{\beta(\mu+\epsilon_0)}}$$

である．以上より被覆率 θ は，

$$\theta = \frac{P}{P+P_0}$$

となる．ここで $P_0 = \left(\lambda^3 \beta e^{\beta\epsilon_0}\right)^{-1}$ である．これをプロットしたものを図 1A.1 に示す．

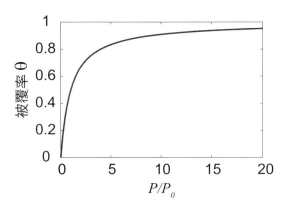

図 1A.1: 被覆率 θ の圧力依存性

問11　物性物理学における相対論効果【解答例】

(1)
- 重い元素における内殻電子軌道収縮による波動関数の変化．特に f 電子軌道がわずかに動径方向に広がる．
- スピンの存在，あるいはスピン軌道相互作用．

(2) (a) 力学変数を演算子に置き換えることにより，

$$\left(\frac{i\hbar}{c}\frac{\partial}{\partial t}\right)^2 \psi(t,\boldsymbol{x}) = \left[m^2 c^2 + (-i\hbar\boldsymbol{\nabla})^2\right]\psi(t,\boldsymbol{x})$$

を得る．これが Klein–Gordon 方程式である．

(b) 仮定した方程式を使って, $\psi(t, \bm{x})$ の時間に関する 2 階微分を書き換えると,

$$\left(\frac{i\hbar}{c}\frac{\partial}{\partial t}\right)^2 \psi(t,\bm{x}) = \left(-i\hbar\hat{\alpha}^j \frac{\partial}{\partial x^j} + mc\hat{\beta}\right)\left(-i\hbar\hat{\alpha}^k \frac{\partial}{\partial x^k} + mc\hat{\beta}\right)\psi(t,\bm{x})$$
$$= \left[m^2c^2\hat{\beta}^2 - \frac{\hbar^2}{2}\left(\hat{\alpha}^k\hat{\alpha}^j + \hat{\alpha}^j\hat{\alpha}^k\right)\frac{\partial}{\partial x^j \partial x^k} - i\hbar\left(\hat{\alpha}^j\hat{\beta} + \hat{\beta}\hat{\alpha}^j\right)\frac{\partial}{\partial x^j}\right]\psi(t,\bm{x})$$

とできる. これが, Klein–Gordon 方程式と一致するための条件は, $\hat{\alpha}^j, \hat{\beta}$ が互いに反交換し, 自乗が 1(単位行列) となることである:

$$\hat{\alpha}^k\hat{\alpha}^j + \hat{\alpha}^j\hat{\alpha}^k = 2\delta^{jk}, \quad \hat{\alpha}^j\hat{\beta} + \hat{\beta}\hat{\alpha}^j = 0, \quad \hat{\beta}^2 = 1$$

(c) $\left(\hat{\alpha}^j\right)^2 = \hat{\beta}^2 = 1$ なので, $\hat{\alpha}^j, \hat{\beta}$ の固有値は 1 または –1 である. また, $\hat{\alpha}^j\hat{\beta} + \hat{\beta}\hat{\alpha}^j = 0$ の両辺に, $\hat{\alpha}^j$ または $\hat{\beta}$ をかけて,

$$\hat{\beta} + \hat{\alpha}^j\hat{\beta}\hat{\alpha}^j = 0, \quad \hat{\alpha}^j + \hat{\beta}\hat{\alpha}^j\hat{\beta} = 0$$

を得る. これらと, 積のトレースが積の順序の巡回置換に対して不変であることから,

$$\text{Tr}\hat{\alpha}^j = \text{Tr}\hat{\beta} = 0$$

となる. 以上から, N が偶数でなければならないことがわかる. したがって, 最も小さい行列の次元は $N = 2$ となるが, 2×2 のエルミート行列は 4 つしか独立なものはなく, Pauli 行列と単位行列の線形結合で表される. つまり, $N = 2$ の互いに反交換する行列で, 独立なものは最大で 3 つしか用意できない. したがって, $N \geq 4$ でなければならない.

また, $N = 4$ の場合に $\hat{\alpha}, \hat{\beta}$ を実際に書き下した例が問題文に記載した Dirac–Pauli 表現である.

(d) 定常状態を考えるので, 時間依存性に関しては,

$$\psi(x) = e^{iEt/\hbar}\begin{pmatrix}\psi_A(\bm{x})\\ \psi_B(\bm{x})\end{pmatrix}$$

とする. このとき, Dirac–Pauli 表現での Dirac 方程式は,

$$[E - V(r)]\begin{pmatrix}\psi_A(\bm{x})\\ \psi_B(\bm{x})\end{pmatrix} = \begin{pmatrix}mc^2 & \hat{\bm{\sigma}}\cdot\hat{\bm{p}}\\ \hat{\bm{\sigma}}\cdot\hat{\bm{p}} & mc^2\end{pmatrix}\begin{pmatrix}\psi_A(\bm{x})\\ \psi_B(\bm{x})\end{pmatrix}$$

となる. ここから ψ_B を消去して,

$$[\varepsilon - V(r)]\psi_A(\bm{x}) = \hat{\bm{\sigma}}\cdot\hat{\bm{p}}\frac{c^2}{\varepsilon - V(r) + 2mc^2}\hat{\bm{\sigma}}\cdot\hat{\bm{p}}\psi_A(\bm{x})$$

を得る. $\varepsilon, V(r) \ll mc^2$ として,

$$\frac{c^2}{\varepsilon - V(r) + 2mc^2} \simeq \frac{1}{2m}\left[1 - \frac{\varepsilon - V(r)}{2mc^2} + \cdots\right]$$

と展開する. 最低次まで残す近似の下で,

$$\varepsilon\psi_A(\bm{x}) = \left[\frac{\hat{\bm{\sigma}}\cdot\hat{\bm{p}}\,\hat{\bm{\sigma}}\cdot\hat{\bm{p}}}{2m} + V(r)\right]\psi_A(\bm{x}) = \left[\frac{\hat{\bm{p}}^2}{2m} + V(r)\right]\psi_A(\bm{x}) = \hat{\mathcal{H}}_{\text{NR}}\psi_A(\bm{x})$$

を得る.

第 1 章 物性物理のための量子力学・統計力学・相対論【解答例】

(e) 同様の展開を行うと，$\psi_B(\boldsymbol{x})$ の最低次の項は，

$$\psi_B(\boldsymbol{x}) = \frac{\hat{\boldsymbol{\sigma}} \cdot \hat{\boldsymbol{p}}}{2mc} \psi_A(\boldsymbol{x})$$

とできるので，規格化条件として，

$$\int \left[\psi_A^\dagger(\boldsymbol{x}) \psi_A(\boldsymbol{x}) + \psi_B^\dagger(\boldsymbol{x}) \psi_B(\boldsymbol{x}) \right] \mathrm{d}^3 x = 1$$

を要請する．この場合，

$$\int \psi_A^\dagger(\boldsymbol{x}) \left(1 + \frac{\hat{\boldsymbol{p}}^2}{4m^2c^2} \right) \psi_A(\boldsymbol{x}) \mathrm{d}^3 x = 1$$

となるので，最低次の補正項を考える範囲内では，

$$\psi_{\mathrm{NR}}(\boldsymbol{x}) = \left(1 + \frac{\hat{\boldsymbol{p}}^2}{8m^2c^2} \right) \psi_A(\boldsymbol{x})$$

と定義すれば，規格化条件を満たすことがわかる．これを用いると，

$$\varepsilon \psi_{\mathrm{NR}}(\boldsymbol{x}) = \left(1 - \frac{\hat{\boldsymbol{p}}^2}{8m^2c^2} \right) \left[\frac{\hat{\boldsymbol{p}}^2}{2m} + V(r) + \frac{\hat{\boldsymbol{\sigma}} \cdot \hat{\boldsymbol{p}} V(r) \hat{\boldsymbol{\sigma}} \cdot \hat{\boldsymbol{p}}}{4m^2c^2} \right] \left(1 - \frac{\hat{\boldsymbol{p}}^2}{8m^2c^2} \right) \psi_{\mathrm{NR}}(\boldsymbol{x})$$

$$\simeq \left[\frac{\hat{\boldsymbol{p}}^2}{2m} + V(r) - \frac{\hat{\boldsymbol{p}}^4}{8m^3c^2} - \frac{\hbar^2}{8m^2c^2} \nabla \cdot \boldsymbol{E} - \frac{\hbar}{4m^2c^2} \hat{\boldsymbol{\sigma}} \cdot (\boldsymbol{E} \times \hat{\boldsymbol{p}}) \right] \psi_{\mathrm{NR}}(\boldsymbol{x})$$

を得る．ここで，$\boldsymbol{E} = -\nabla V(r)$ である．今の場合，$V(r)$ は球対称なので，

$$\nabla V(r) = \frac{\boldsymbol{x}}{r} \frac{\mathrm{d}V}{\mathrm{d}r}$$

とできることから，

$$\varepsilon \psi_{\mathrm{NR}}(\boldsymbol{x}) = \left[\frac{\hat{\boldsymbol{p}}^2}{2m} + V(r) - \frac{\hat{\boldsymbol{p}}^4}{8m^3c^2} - \frac{\hbar^2}{8m^2c^2} \nabla \cdot \boldsymbol{E} + \frac{\hbar}{2m^2c^2} \frac{1}{r} \frac{\mathrm{d}V}{\mathrm{d}r} \hat{\boldsymbol{S}} \cdot (\boldsymbol{x} \times \hat{\boldsymbol{p}}) \right] \psi_{\mathrm{NR}}(\boldsymbol{x})$$

$$= \left[\frac{\hat{\boldsymbol{p}}^2}{2m} + V(r) - \frac{\hat{\boldsymbol{p}}^4}{8m^3c^2} - \frac{\hbar^2}{8m^2c^2} \nabla \cdot \boldsymbol{E} + \frac{\hbar}{2m^2c^2} \frac{1}{r} \frac{\mathrm{d}V}{\mathrm{d}r} \hat{\boldsymbol{S}} \cdot \hat{\boldsymbol{L}} \right] \psi_{\mathrm{NR}}(\boldsymbol{x})$$

となる．これらの相対論的な補正項はそれぞれ，質量速度補正項，Darwin 項，スピン軌道相互作用項と呼ばれる．

第2章 結晶構造【解答例】

問 12 結晶の結合メカニズム【解答例】

(1) Na：金属結合 (自由電子による結合)
    KCl：イオン結合 (イオン間の静電力による結合)
    SiC：共有結合 (電子対結合)
    H_2O：水素結合 (H^+ を介した静電力による結合)
    Ar：Van der Waals 結合 (Van der Waals 力による結合)

(2) 凝集エネルギーの大小関係は，結晶に対する結合の強さから見積もることができる．Ne は希ガス結晶であるため Van der Waals 結合が主な結合力であり，K は金属結合が主な結合力である．また Si は共有結合が主な結合力であることから，結合の強さに関する大小関係，つまり凝集エネルギーの大小関係は Si > K > Ne となる．なお，1 原子あたりの凝集エネルギーの実際の大きさは以下の通りである（参考：Kittel, C. 『キッテル 固体物理学入門 上 第 8 版』丸善出版 2005 年, 3 結晶結合と弾性定数, 表 1, p. 54）．

$$
\begin{array}{lll}
\text{Si:} & 4.63 & [\text{eV/atom}] \\
\text{K:} & 0.934 & [\text{eV/atom}] \\
\text{Ne:} & 0.020 & [\text{eV/atom}]
\end{array}
$$

問 13 分子性結晶とイオン結晶の凝集エネルギー【解答例】

(1) 平衡状態での最近接原子間距離 r_0 とそのときの凝集エネルギー u_0 は Lenard-Jones の 6-12 ポテンシャル，

$$u(r) = 2\varepsilon\left[A_{12}\left(\frac{\sigma}{r}\right)^{12} - A_6\left(\frac{\sigma}{r}\right)^6\right]$$

が最小となる条件から求める．すなわち $(\mathrm{d}u/\mathrm{d}r)_{r=r_0} = 0$ から，

$$\left(\frac{\mathrm{d}u}{\mathrm{d}r}\right)_{r=r_0} = -2\varepsilon\left[12A_{12}\sigma^{12}r_0^{-13} - 6A_6\sigma^6 r_0^{-7}\right] = -12\varepsilon r_0^{-13}\sigma^6\left(2A_{12}\sigma^6 - A_6 r_0^6\right) = 0$$

よって，以下のようになる．

$$r_0 = \left(2\frac{A_{12}}{A_6}\right)^{\frac{1}{6}}\sigma, \quad u_0 = -\frac{\varepsilon A_6^{\ 2}}{2A_{12}}$$

(2) イオン結晶のポテンシャルエネルギー，

$$u(r) = N\left[Z\lambda \mathrm{e}^{-r/\rho} - \frac{\alpha q^2}{4\pi\epsilon_0 r}\right]$$

が最小となる条件から求める．すなわち $(\mathrm{d}u/\mathrm{d}r)_{r=r_0} = 0$ から，

$$\left(\frac{\mathrm{d}u(r)}{\mathrm{d}r}\right)_{r=r_0} = N\left[-\frac{Z\lambda}{\rho}\mathrm{e}^{-r_0/\rho} + \frac{\alpha q^2}{4\pi\epsilon_0 r_0^2}\right] = 0$$

よって, 以下の関係が得られる.
$$r_0{}^2 e^{-r_0/\rho} = \frac{\rho \alpha q^2}{4\pi \epsilon_0 Z \lambda}$$

これより凝集エネルギー u_0 を $N, \alpha, q, r_0, \epsilon_0, \rho$ のみを用いて表現すると, 以下のようになる.
$$u_0 = -\frac{N\alpha q^2}{4\pi\epsilon_0 r_0}\left(1 - \frac{\rho}{r_0}\right)$$

問14 典型的な結晶構造【解答例】

(1) 表 2A.1 に配位数と充填率を示す.

表 2A.1: 各構造の配位数と充填率

	配位数	充填率
単純立方格子	6	$\frac{\pi}{6} \sim 0.52$
体心立方格子	8	$\frac{\sqrt{3}\pi}{8} \sim 0.68$
面心立方格子	12	$\frac{\sqrt{2}\pi}{6} \sim 0.74$
六方最密構造	12	$\frac{\sqrt{2}\pi}{6} \sim 0.74$
ダイアモンド構造	4	$\frac{\sqrt{3}\pi}{16} \sim 0.34$

(2) 体心立方格子：Na, Cr, Fe, Ba, ...

面心立方格子：Al, Ag, Au, Pt, ...

六方最密構造：Be, Zn, Ti, Cd, ...

ダイヤモンド構造：C(diamond), Si, Ge, Sn, ...

問15 逆格子ベクトル【解答例】

(1) 1次元系では, $a_1 \times b_1 = 2\pi$ を満たせばよいため, $b_1 = 2\pi/a$.

(2) 2次元では, $\bm{a}_{1,2}$ の2次元面に垂直な単位ベクトル $\bm{n}$, $\bm{a}_1$ と $\bm{a}_2$ が成す面積 $S = |\bm{a}_1 \times \bm{a}_2|$ を用いて, 以下のように得られる.
$$\bm{b}_1 = \frac{2\pi}{S}\bm{a}_2 \times \bm{n}$$
$$\bm{b}_2 = \frac{2\pi}{S}\bm{a}_1 \times \bm{n}$$

(3) $V = |\bm{a}_1 \cdot (\bm{a}_2 \times \bm{a}_3)|$ を用いて, 以下のように得られる.
$$\bm{b}_1 = \frac{2\pi}{V}\bm{a}_2 \times \bm{a}_3$$
$$\bm{b}_2 = \frac{2\pi}{V}\bm{a}_3 \times \bm{a}_1$$
$$\bm{b}_3 = \frac{2\pi}{V}\bm{a}_1 \times \bm{a}_2$$

(4) 格子定数を a とすると, 面心立方格子の基本並進ベクトルは,

$$\boldsymbol{a}_1 = \frac{a}{2}(\hat{\boldsymbol{x}} + \hat{\boldsymbol{y}})$$
$$\boldsymbol{a}_2 = \frac{a}{2}(\hat{\boldsymbol{x}} + \hat{\boldsymbol{z}})$$
$$\boldsymbol{a}_3 = \frac{a}{2}(\hat{\boldsymbol{y}} + \hat{\boldsymbol{z}})$$

ここで $\hat{\boldsymbol{x}}, \hat{\boldsymbol{y}}, \hat{\boldsymbol{z}}$ は各 x, y, z 方向の単位ベクトルを表す. これを用いて, 面心立方格子の逆格子ベクトルは以下のように得られる.

$$\boldsymbol{b}_1 = \frac{2\pi}{a}(\hat{\boldsymbol{x}} + \hat{\boldsymbol{y}} - \hat{\boldsymbol{z}})$$
$$\boldsymbol{b}_2 = \frac{2\pi}{a}(\hat{\boldsymbol{x}} - \hat{\boldsymbol{y}} + \hat{\boldsymbol{z}})$$
$$\boldsymbol{b}_3 = \frac{2\pi}{a}(-\hat{\boldsymbol{x}} + \hat{\boldsymbol{y}} + \hat{\boldsymbol{z}})$$

同様に体心立方格子では,

$$\boldsymbol{a}_1 = \frac{a}{2}(-\hat{\boldsymbol{x}} + \hat{\boldsymbol{y}} + \hat{\boldsymbol{z}})$$
$$\boldsymbol{a}_2 = \frac{a}{2}(\hat{\boldsymbol{x}} - \hat{\boldsymbol{y}} + \hat{\boldsymbol{z}})$$
$$\boldsymbol{a}_3 = \frac{a}{2}(\hat{\boldsymbol{x}} + \hat{\boldsymbol{y}} - \hat{\boldsymbol{z}})$$

となり, 逆格子ベクトルは以下のように得られる.

$$\boldsymbol{b}_1 = \frac{2\pi}{a}(\hat{\boldsymbol{y}} + \hat{\boldsymbol{z}})$$
$$\boldsymbol{b}_2 = \frac{2\pi}{a}(\hat{\boldsymbol{z}} + \hat{\boldsymbol{x}})$$
$$\boldsymbol{b}_3 = \frac{2\pi}{a}(\hat{\boldsymbol{x}} + \hat{\boldsymbol{y}})$$

以上のように, 面心立方格子の逆格子は体心立方格子となり, 体心立方格子の逆格子は面心立方格子となる.

問16 Brillouin領域の体積【解答例】

$\boldsymbol{a}_1, \boldsymbol{a}_2, \boldsymbol{a}_3$ を実格子の基本ベクトルとすると, その逆格子は以下の3つのベクトルとして書ける.

$$\boldsymbol{b}_1 = 2\pi \frac{\boldsymbol{a}_2 \times \boldsymbol{a}_3}{\boldsymbol{a}_1 \cdot (\boldsymbol{a}_2 \times \boldsymbol{a}_3)}$$
$$\boldsymbol{b}_2 = 2\pi \frac{\boldsymbol{a}_3 \times \boldsymbol{a}_1}{\boldsymbol{a}_2 \cdot (\boldsymbol{a}_3 \times \boldsymbol{a}_1)}$$
$$\boldsymbol{b}_3 = 2\pi \frac{\boldsymbol{a}_1 \times \boldsymbol{a}_2}{\boldsymbol{a}_3 \cdot (\boldsymbol{a}_1 \times \boldsymbol{a}_2)}$$

第1 Brillouin領域の体積は $\boldsymbol{b}_1 \cdot (\boldsymbol{b}_2 \times \boldsymbol{b}_3)$ として計算することができる. $\boldsymbol{a}_i \cdot \boldsymbol{b}_j = 2\pi \delta_{ij}$ の関係を用いれば, 以下のように書き換えられる.

$$\begin{aligned}
\boldsymbol{b}_1 \cdot (\boldsymbol{b}_2 \times \boldsymbol{b}_3) &= \boldsymbol{b}_1 \cdot \left[\boldsymbol{b}_2 \times 2\pi \frac{\boldsymbol{a}_1 \times \boldsymbol{a}_2}{\boldsymbol{a}_3 \cdot (\boldsymbol{a}_1 \times \boldsymbol{a}_2)} \right] \\
&= \frac{2\pi}{\boldsymbol{a}_3 \cdot (\boldsymbol{a}_1 \times \boldsymbol{a}_2)} \boldsymbol{b}_1 \cdot [(\boldsymbol{b}_2 \cdot \boldsymbol{a}_2)\boldsymbol{a}_1 - (\boldsymbol{b}_2 \cdot \boldsymbol{a}_1)\boldsymbol{a}_2] \\
&= \frac{2\pi}{\boldsymbol{a}_3 \cdot (\boldsymbol{a}_1 \times \boldsymbol{a}_2)} \boldsymbol{b}_1 \cdot (\boldsymbol{b}_2 \cdot \boldsymbol{a}_2)\boldsymbol{a}_1 \\
&= \frac{(2\pi)^3}{\boldsymbol{a}_3 \cdot (\boldsymbol{a}_1 \times \boldsymbol{a}_2)} = \frac{(2\pi)^3}{V_c}
\end{aligned}$$

問 17 Brillouin 領域の描画【解答例】

矩形格子の結晶構造は図 2A.1 のようになる．

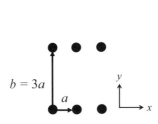

図 2A.1: 矩形格子の結晶構造

基本並進ベクトルを a_1, a_2 とおいたとき，図 2A.1 中の座標を用いてベクトル表示すると以下のようになる．

$$a_1 = a\,(1,\,0,\,0)$$
$$a_2 = 3a\,(0,\,1,\,0)$$

逆格子の基本ベクトル b_1, b_2 を定義にしたがって計算する．z 軸方向の単位ベクトル n を用いると，

$$b_1 = 2\pi \frac{a_2 \times n}{|a_1 \times a_2|}$$
$$= \frac{2\pi}{3a^2} 3a\,(0,\,1,\,0) \times (0,\,0,\,1)$$
$$= \frac{2\pi}{a}\,(1,\,0,\,0)$$
$$b_2 = 2\pi \frac{n \times a_1}{|a_1 \times a_2|}$$
$$= \frac{2\pi}{3a^2} a\,(0,\,0,\,1) \times (1,\,0,\,0)$$
$$= \frac{2\pi}{3a}\,(0,\,1,\,0)$$

この b_2 は，問 15 の解答例で示した $b_2 = 2\pi(a_1 \times n)/|a_1 \times a_2|$ とは逆向きだが，逆格子ベクトルは一般に $G = m_1 b_1 + m_2 b_2$ (m_i は整数) と書かれるので，どちらで表しても構わない．図 2A.2 に逆格子を図示する．

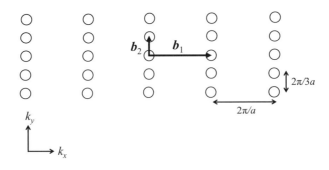

図 2A.2: 矩形格子の逆格子

Brillouin 領域を得るために, まず図 2A.3 のように, 逆格子の基本ベクトルの線形結合をできるだけ記入する.

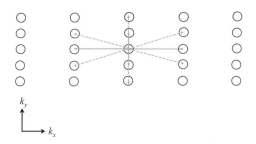

図 2A.3: 矩形格子のいくつかの逆格子ベクトルの線形結合

これらのベクトルの垂直二等分線で囲まれた最小の領域が第 1 Brillouin 領域, 2 番目に最小な領域が第 2 Brillouin 領域となる. それぞれ, 図 2A.4 の太線で図示する.

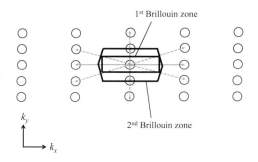

図 2A.4: 矩形格子の第 1 および第 2 Brillouin 領域

問18　蜂の巣格子【解答例】

(1) 非等価な格子点が 2 つ存在することに注意すれば, 単位胞は図 2A.5 の点線のように, 基本並進ベクトルで作られる平行四辺形にとることができる. ただし, 実空間における基本並進ベクトルを $\boldsymbol{a}_1 = (3a/2, \sqrt{3}a/2)$, $\boldsymbol{a}_2 = (3a/2, -\sqrt{3}a/2)$ とした.

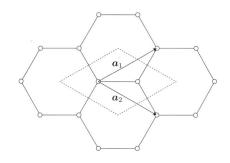

図 2A.5: 単位胞と基本並進ベクトル

(2) ある格子点の Wigner–Seitz 胞とは，他のどの格子点よりもその格子点に近い空間領域のことである．したがって，隣り合う等価な格子点間を結ぶ線分の垂直二等分面によって囲まれた領域を図示すればよく，蜂の巣格子の場合は図 2A.6 の灰色で塗られた六角形のようにとることができる．

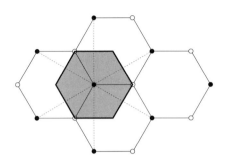

図 2A.6: 蜂の巣格子の Wigner–Seitz 胞

(3) 上記のように実空間における基本並進ベクトルをとれば，逆格子空間における基本並進ベクトルは，$\bm{b}_1 = 2\pi\left(1/3a, 1/\sqrt{3}a\right)$, $\bm{b}_2 = 2\pi\left(1/3a, -1/\sqrt{3}a\right)$ となる．したがって，逆格子を図示すると図 2A.7 のような六方格子 (三角格子) となる．

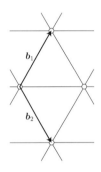

図 2A.7: 蜂の巣格子における逆格子

問 19　構造相転移とドメイン【解答例】

(1) 斜方晶の場合，各長さの違う 3 つの軸が x, y, z 軸のどれになるかを考えればよいので $2 \times 3 = 6$ 種類．

(2) 単斜晶の場合，(1) に加えて 90 度ではない角度 β が 1 つあり，角度 $\pm\beta$ を持つドメインが 2 通り考えられるため斜方晶の 2 倍の 12 種類となる．

問20　結晶のステレオ投影【解答例】

ステレオ投影において結晶面の異なる投影図を考える場合，Wulff ネットを考えると理解しやすい．(001) 面と (011) 面の作る角度は 45 度であるので，図 2A.8 の Wulff ネットは格子線に沿って 45 度移動させるとよい．

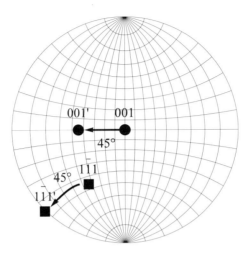

図 2A.8: Wulff ネットを用いた投影図の変換

(001) は左へ 45 度移動させ，(1$\bar{1}$1) は Wulff ネットの格子線に沿って左方へと移動させる．他の点についても同様に Wulff ネットの線上に 45 度移動させると概略図は図 2A.9 のようになる．

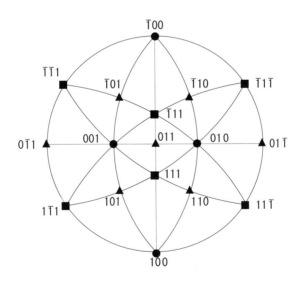

図 2A.9: 立方晶の (011) 面に対する標準投影図

第3章 X線粒子線回折【解答例】

問21 回折実験における粒子のエネルギースケール【解答例】

(1) 表3A.1が解答である.波長 λ に対して,波動力学や量子力学では「波数」を $k = 2\pi/\lambda$ と定義することが多いが (いわゆる「角波数」),本問では「波数」を $\tilde{\nu} = 1/\lambda$ と定義した.これは主に分光学の分野で用いられる定義であり,単位長さあたりの波の数を表している.光の強度の波長分布 (分光スペクトル) は,波長に対してだけでなく,光の振動数 $\nu = c/\lambda$, エネルギー $h\nu$, もしくは波数 $\tilde{\nu}$ に対してプロットすることも多い (角振動数 $\omega = 2\pi c/\lambda$ や角波数 k に対してプロットすることは稀である).その際,[cm^{-1}] という単位自体を「波数」と呼ぶこともある (以前は「カイザー」と呼ばれていたが,最近では「波数」と呼ぶ傾向にある).

表 3A.1: 光のエネルギーに関する単位換算の解答

波長 [μm]	波数 [cm^{-1}]	振動数 [THz]	エネルギー [eV]
1	1.0×10^4	3.0×10^2	1.2

(2) 結晶の格子定数は 1 [Å] 程度のオーダーであるから,回折実験を行うためには格子定数と同程度の波長を持った電磁波,粒子線が必要となる.よって以下,波長が 1 [Å] となる場合の X 線,中性子線,電子線のエネルギーを求める.

(a) X 線,
$$E = h\nu = h\frac{c}{\lambda} \approx 10 \text{ [keV]}$$

(b) 中性子線,
$$E = \frac{(\hbar k)^2}{2m_n} = \frac{1}{2m_n}\left(\frac{h}{\lambda}\right)^2 \approx 0.1 \text{ [eV]}$$

(c) 電子線,
$$E = \frac{(\hbar k)^2}{2m_e} = \frac{1}{2m_e}\left(\frac{h}{\lambda}\right)^2 \approx 200 \text{ [eV]}$$

問22 結晶における回折条件【解答例】

(1) 単位格子を張る基本並進ベクトルを $\boldsymbol{a}_1, \boldsymbol{a}_2, \boldsymbol{a}_3$ とした時,逆格子ベクトル $\boldsymbol{b}_1, \boldsymbol{b}_2, \boldsymbol{b}_3$ はそれぞれ以下のように定義される.

$$\boldsymbol{b}_1 = 2\pi\frac{\boldsymbol{a}_2 \times \boldsymbol{a}_3}{\boldsymbol{a}_1 \cdot (\boldsymbol{a}_2 \times \boldsymbol{a}_3)}$$
$$\boldsymbol{b}_2 = 2\pi\frac{\boldsymbol{a}_3 \times \boldsymbol{a}_1}{\boldsymbol{a}_2 \cdot (\boldsymbol{a}_3 \times \boldsymbol{a}_1)}$$
$$\boldsymbol{b}_3 = 2\pi\frac{\boldsymbol{a}_1 \times \boldsymbol{a}_2}{\boldsymbol{a}_3 \cdot (\boldsymbol{a}_1 \times \boldsymbol{a}_2)}$$

簡単なベクトル演算により $\{\boldsymbol{a}_1, \boldsymbol{a}_2, \boldsymbol{a}_3\}$ と $\{\boldsymbol{b}_1, \boldsymbol{b}_2, \boldsymbol{b}_3\}$ の内積は以下のようにまとめられる.

$$\boldsymbol{a}_i \cdot \boldsymbol{b}_j = 2\pi\delta_{ij}$$

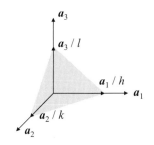
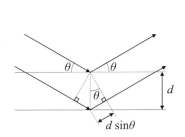
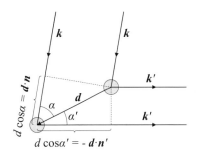

図 3A.1: 基本並進ベクトルと (hkl) 面の関係

図 3A.2: 面間隔 d における回折角 θ の際の光路差

図 3A.3: 2 つの散乱体を考えた際の光路差

(2) (hkl) 面内の一次独立な 2 つのベクトルに対して $\bm{G}$ が直交することを示す. 図 3A.1 のように, (hkl) 面内には一次独立な 2 つのベクトル, $\bm{x} = \bm{a}_1/h - \bm{a}_2/k$, $\bm{y} = \bm{a}_2/k - \bm{a}_3/l$ が存在する. これらと $\bm{G}$ との積は以下のようになる.

$$\bm{G} \cdot \bm{x} = (h\bm{b}_1 + k\bm{b}_2 + l\bm{b}_3) \cdot \left(\frac{\bm{a}_1}{h} - \frac{\bm{a}_2}{k}\right) = 2\pi - 2\pi = 0$$

$$\bm{G} \cdot \bm{y} = (h\bm{b}_1 + k\bm{b}_2 + l\bm{b}_3) \cdot \left(\frac{\bm{a}_2}{k} - \frac{\bm{a}_3}{l}\right) = 2\pi - 2\pi = 0$$

ただし (1) で求めた関係式 $\bm{a}_i \cdot \bm{b}_j = 2\pi\delta_{ij}$ を用いた. 以上より, 逆格子ベクトル $\bm{G} = h\bm{b}_1 + k\bm{b}_2 + l\bm{b}_3$ が (hkl) 面に垂直であることがわかる.

(3) 図 3A.1 に見られる (hkl) 面と平行でかつ隣り合う面として, 原点を通る面を考えることができる. (2) より $\bm{G}/|\bm{G}|$ が (hkl) 面に対して垂直に交わる単位ベクトルであるから, 原点から (hkl) 面までの距離 d は $\bm{a}_1/h$ の $\bm{G}/|\bm{G}|$ への射影をとって, 以下のように書くことができる (他の基本並進ベクトルでも同じ結果が得られる).

$$d = \frac{\bm{G}}{|\bm{G}|} \cdot \frac{\bm{a}_1}{h} = \frac{1}{|\bm{G}|}(h\bm{b}_1 + k\bm{b}_2 + l\bm{b}_3) \cdot \frac{\bm{a}_1}{h} = \frac{2\pi}{|\bm{G}|}$$

(4) 図 3A.2 における光路差が波長の整数倍の時に強め合う. よって, n を整数として, Bragg 条件は以下のように表される.

$$2d\sin\theta = n\lambda$$

(5) 図 3A.3 のように, 2 つの散乱体が並進ベクトル $\bm{d}$ だけ離れていると考える. ここで, $\bm{n}$, $\bm{n}'$ を, それぞれ入射 X 線, 散乱 X 線の進行方向を表す単位ベクトル ($\bm{k} = 2\pi\bm{n}/\lambda$, $\bm{k}' = 2\pi\bm{n}'/\lambda$) とすれば, 光路差以下のように表される.

$$d\cos\alpha + d\cos\alpha' = \bm{d} \cdot (\bm{n} - \bm{n}')$$

光路差が波長の整数倍であれば強め合うから, m を整数として,

$$\bm{d} \cdot (\bm{n} - \bm{n}') = m\lambda$$

$$\bm{d} \cdot (\bm{k} - \bm{k}') = 2\pi m$$

以上の計算と (1) より $\bm{k} - \bm{k}' = \bm{G}$ の時, 散乱 X 線が強め合う. 弾性散乱の場合は特に $|\bm{k}| = |\bm{k}'|$ が満たされるから, 以下のように Laue 条件を変形することができる.

$$|\bm{k}|^2 - 2\bm{k} \cdot \bm{G} + |\bm{G}|^2 = |\bm{k}'|^2$$

$$2|\bm{k}||\bm{G}|\cos\alpha = |\bm{G}|^2$$

$$2|\bm{k}|\cos\alpha = |\bm{G}|$$

(6) 任意の逆格子ベクトル $\boldsymbol{G}$ に対して平行な逆格子ベクトルのうち最小のものを $\boldsymbol{G}_0$ とすると，高次の反射を与えるものを含めて一般に $\boldsymbol{G}$ は n を自然数として以下の式で表される．

$$\boldsymbol{G} = n\boldsymbol{G}_0$$

$|\boldsymbol{G}|$ は (3) より，

$$|\boldsymbol{G}| = |\boldsymbol{G}_0| = n\frac{2\pi}{d}$$

となる．(5) で得られた弾性散乱時の Laue 条件 $2|\boldsymbol{k}|\cos\alpha = |\boldsymbol{G}|$ に $|\boldsymbol{G}| = 2\pi n/d$, $|\boldsymbol{k}| = 2\pi/\lambda$ を代入すると，(4) での θ と (5) での α の定義が違うことに注意して，

$$2\frac{2\pi}{\lambda}\sin\theta = \frac{2\pi n}{d}$$
$$2d\sin\theta = n\lambda$$

となり，(4) の表記と (5) の表記が等価であることがわかる．

問23　X線回折における構造因子【解答例】

(1) $\boldsymbol{r}$ だけ離れた位置にある電子によって散乱される場合，$\boldsymbol{r}_1$ とは異なり位相差 ϕ ずれることになる．

$$\phi = \boldsymbol{k}\cdot(\boldsymbol{r}_2-\boldsymbol{r}_1) - \boldsymbol{k}'\cdot(\boldsymbol{r}_2-\boldsymbol{r}_1) = (\boldsymbol{k}-\boldsymbol{k}')\cdot(\boldsymbol{r}_2-\boldsymbol{r}_1)$$

この位相差を $\Delta\boldsymbol{k} = \boldsymbol{k}-\boldsymbol{k}'$ により書き換えると，散乱振幅は $f\mathrm{e}^{-\mathrm{i}\Delta\boldsymbol{k}\cdot\boldsymbol{r}}$ となる．

(2) 電子密度が連続的であるため積分を用いて書くことができるため，散乱振幅は以下のようになる．

$$F = \int n(\boldsymbol{r})\mathrm{e}^{-\mathrm{i}\Delta\boldsymbol{k}\cdot\boldsymbol{r}}\mathrm{d}V$$

(3) 十分大きな結晶を考え，電子密度 n が周期的であるとする．このとき，基本並進ベクトル $\boldsymbol{r}_n$ を用いて $n(\boldsymbol{r}+\boldsymbol{r}_n) = n(\boldsymbol{r})$ を満たす．これにより，

$$n(\boldsymbol{r}) = \sum_{\boldsymbol{G}} n_{\boldsymbol{G}}\mathrm{e}^{\mathrm{i}\boldsymbol{G}\cdot\boldsymbol{r}}$$

を得る．ここで $\boldsymbol{G}$ は逆格子ベクトルである．これを構造因子に代入し，

$$F = \sum_{\boldsymbol{G}} \int n_{\boldsymbol{G}}\mathrm{e}^{\mathrm{i}(\boldsymbol{G}-\Delta\boldsymbol{k})\cdot\boldsymbol{r}}\mathrm{d}V$$

となる．よって，$\boldsymbol{G} = \Delta\boldsymbol{k}$ の場合のみ値を持つ．これが Laue 条件となる．さらに $|\boldsymbol{k}'| = |\boldsymbol{k}|$ を仮定した場合，Bragg の条件を得ることができる．

問24　結晶構造因子と消滅則【解答例】

(1) 逆格子ベクトルを $\boldsymbol{G} = h\boldsymbol{b}_1 + k\boldsymbol{b}_2 + l\boldsymbol{b}_3$ と表す．

面心立方格子

同一原子が $(0,0,0), (a/2,a/2,0), (0,a/2,a/2), (a/2,0,a/2)$ にあるので，

$$F = \sum_i f\mathrm{e}^{\mathrm{i}\boldsymbol{G}\cdot\boldsymbol{r}_i} = f\left[1 + \mathrm{e}^{\mathrm{i}(h+k)\pi} + \mathrm{e}^{\mathrm{i}(k+l)\pi} + \mathrm{e}^{\mathrm{i}(l+h)\pi}\right]$$

体心立方格子

同一原子が $(0,0,0), (a/2, a/2, a/2)$ にあるので,
$$F = \sum_i f e^{i\boldsymbol{G}\cdot\boldsymbol{r}_i} = f\left[1 + e^{i(h+k+l)\pi}\right]$$

(2) **面心立方格子**

h, k, l のうち 1 つだけが偶数で他の 2 つが奇数, または h, k, l のうち 1 つだけが奇数で他の 2 つが偶数である逆格子点では Bragg 反射が観測されない.

体心立方格子

h, k, l の 1 つだけが奇数で他の 2 つが偶数, または h, k, l の 3 つともが奇数である逆格子点では Bragg 反射が観測されない.

問 25 　粉末と単結晶の X 線回折【解答例】

粉末回折では構造因子の二乗に多重度を乗じた強度が観測される. 004 は 400, -400, 040, 0-40, 004, 00-4 の 6 通り, 123 は hkl が全て正の範囲に限っても 123, 132, 213, 312, 231, 321 の 6 通りがあり, hkl が $+++, ++-, +-+, -++, +--, -+-, --+, ---$ の 8 つの象限があるので, 多重度は 48 になる. そのため, 単結晶で観測すると強度は 8:1 になる. なお, 004, 123 とも, 粉末回折で他の指数と重なることは無い.

問 26 　回折パターンによる格子定数の同定【解答例】

(1) 一般に, 3 次元系における逆格子ベクトル $\boldsymbol{b}_i$ $(i=1,2,3)$ は, 実格子ベクトル $\boldsymbol{a}_i$ に対して以下のように表される.
$$\boldsymbol{b}_1 = \frac{2\pi \boldsymbol{a}_2 \times \boldsymbol{a}_3}{\boldsymbol{a}_1 \cdot (\boldsymbol{a}_2 \times \boldsymbol{a}_3)}$$

2 次元格子においては, $\boldsymbol{a}_1, \boldsymbol{a}_2$ を格子面内方向の基本ベクトル, $\boldsymbol{a}_3$ を格子面垂直方向の単位ベクトルとして考えればよいので, 逆格子ベクトル $\boldsymbol{b}_1$ の向きは格子面内かつ $\boldsymbol{a}_2$ に対して垂直方向, 大きさは
$$|\boldsymbol{b}_1| = \frac{2\pi |\boldsymbol{a}_2||\boldsymbol{a}_3|}{|\boldsymbol{a}_1|(|\boldsymbol{a}_2||\boldsymbol{a}_3|)\cos(\Theta - 90°)} = \frac{2\pi}{|\boldsymbol{a}_1|\sin\Theta}$$

と求められる. ここで, Θ は $\boldsymbol{a}_1, \boldsymbol{a}_2$ 間の内角である. $\boldsymbol{b}_2$ に関しても同様である. また, Bragg の法則より以下の式が成り立つ.
$$\theta \approx \sin\theta = \frac{\lambda}{2|\boldsymbol{a}_i|} = \frac{\lambda|\boldsymbol{b}_i|}{4\pi}\sin\Theta$$

すなわち, $\lambda = 632.8 \times 10^{-6}$ [mm], $L = 3.0 \times 10^3$ [mm], $\Theta = 90$ [°] より, スクリーン上では $|\boldsymbol{b}_i|$ に対して,
$$m = L\tan 2\theta \approx \frac{\lambda L}{2\pi}\sin\Theta = \frac{0.95}{\pi} \text{ [mm}^2\text{]}$$

倍された逆格子パターンが投影されることになる. また, 多結晶の回折パターンは単結晶とは異なり, 様々な方向を持った結晶面の逆格子点が重なり合うことで同心円上に繋がったものになる. これを Debye–Sherrer 環と呼ぶ. $21 \times 2 > 32$ より $2a_2 > a_1 > a_2$ であるので, 得られた Debye–Sherrer 環は小さいものから順に, 指数 $(h,k) = (1,0), (0,1), ...$ の逆格子に対応することが分かる. したがって, 逆格子ベクトルの大きさはそれぞれ $|\boldsymbol{b}_1| = 69.5$ [mm^{-1}], $|\boldsymbol{b}_2| = 105.9$ [mm^{-1}] となり, 実空間の格子定数はそれぞれ $a_1 = 90.4$ [μm], $a_2 = 59.3$ [μm] と求められる.

(2) 単純正方格子の測定結果から，本光学系においてスクリーン上に投影される逆格子パターンの倍率は，

$$m = \frac{5}{|\boldsymbol{b}|} = \frac{5}{2\pi/(0.1 \times 10^{-3})} = \frac{2.5}{\pi} \times 10^{-4} \text{ [mm}^2\text{]}$$

と求められる．$m|\boldsymbol{b}_1| = 16$ [mm]，$m|\boldsymbol{b}_2| = 15$ [mm]，また $\boldsymbol{b}_1, \boldsymbol{b}_2$ 間の内角が $60°$ であることから，非単純非直交格子試料の実空間の格子定数はそれぞれ $a_1 = 36.1$ [nm]，$a_2 = 38.5$ [nm]，内角は $\Theta = 120$ [°] と求められる．

単位格子中に含まれる散乱体数を N，j 番目の散乱体の位置を $r_j = x_j \boldsymbol{a}_1 + y_j \boldsymbol{a}_2$ とすると $(0 \leq x_j, y_j < 1)$，構造因子は

$$F(h, k) = \sum_j^N \exp\{\mathrm{i}2\pi(hx_j + ky_j)\}$$

で表される．図 3.2 より，指数 $(h, k) = (1, 0), (0, 1), (3, 0), (2, 1), \ldots$ に対応する逆格子点での強度が消滅している $(F = 0)$ ことから，消滅則は $h + k = $ (奇数) である．この条件を満足する散乱体配置は，

$$F(h, k) = 1 + \exp\{\mathrm{i}\pi(h + k)\} = 0$$

のとき，すなわち $(x_j, y_j) = (0, 0), (1/2, 1/2)$ と求められる．以上より，予想される実格子パターンは図 3A.4 のようになる．なお，L が数 m の現実的な光学系で上記の倍率を達成しようとすると，波長領域が $\lambda \approx 10^{-10}$ [m] 程度である X 線が必要となる．また，本問では実空間で体心格子となるよう指数を指定したが，単純格子となるように指数を付けることも可能である．

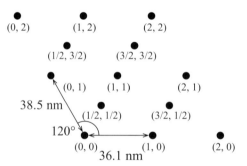

図 3A.4: 非単純非直交格子試料の実格子パターン

問 27　中性子線を用いた磁気回折【解答例】

(1) 強磁性体

(a) $\boldsymbol{Q} \parallel \boldsymbol{c}^*$ の場合
   $\langle \boldsymbol{S}_j \rangle_\perp = 0$ であるから微分断面積が 0 となる．したがって散乱ベクトルが磁気モーメントと平行な $00l$ 反射は生じない．

(b) $\boldsymbol{Q} \parallel \boldsymbol{c}^*$ 以外の場合
   位置 $\boldsymbol{R}_j$ によらず磁気モーメントは一様であるから $\langle \boldsymbol{S}_j \rangle_\perp = \langle \boldsymbol{S} \rangle_\perp$ として和の外に出し，

単位胞を指定する並進ベクトル l_n と単位胞内での原子を指定するベクトル d_k を用いて $R_j = l_n + d_k$ と書き換えると，

$$\frac{d\sigma}{d\Omega} \propto |\langle S\rangle_\perp|^2 \left|\sum_j^{\text{all}} \exp(iQ \cdot R_j)\right|^2 = |\langle S\rangle_\perp|^2 \left|\sum_n^N \sum_k^r \exp[iQ \cdot (l_n + d_k)]\right|^2$$

$$= |\langle S\rangle_\perp|^2 \left|\sum_n^N \exp(iQ \cdot l_n)\right|^2 = N^2 |\langle S\rangle_\perp|^2 \delta(Q - G)$$

となる．ここで N は単位胞の総数，G は逆格子ベクトルである．したがって磁気反射は $Q = G = ha^* + kb^* + lc^*$ (h, k, l は整数，ただし $h = k = 0$ を除く) に格子由来の Bragg 反射に重なって現れる．(a), (b) より，$00l$ を除く全ての逆格子点において格子由来の Bragg 反射と重なる形で磁気反射が生じる．

(2) 反強磁性体

(a) $Q \parallel c^*$ の場合
強磁性体の場合と同様に，散乱ベクトルと磁気モーメントが平行な $00l$ 反射は生じない．

(b) $Q \parallel c^*$ 以外の場合
磁気構造は a^* 軸方向には結晶構造の 2 倍の周期を持つ．各磁気モーメントは $\pm \langle S\rangle_\perp$ であり，

$$\langle S_j\rangle_\perp = \langle S\rangle_\perp \exp\left(i\frac{a^*}{2} \cdot R_j\right)$$

と表すことができる．上式を用いて強磁性体の場合と同様に微分散乱断面積を計算すると，

$$\frac{d\sigma}{d\Omega} \propto |\langle S\rangle_\perp|^2 \left|\sum_j^{\text{all}} \exp\left[i\left(Q + \frac{a^*}{2}\right) \cdot R_j\right]\right|^2 = N^2 |\langle S\rangle_\perp|^2 \delta\left(Q - \frac{a^*}{2} - G\right)$$

となる．したがって磁気反射は格子由来の Bragg 反射から $a^*/2$ だけずれた位置に現れる．(a), (b) より，$Q = G - a^*/2 = ha^* + kb^* + lc^*$ (h:半整数, k, l:整数) に磁気反射が現れる．

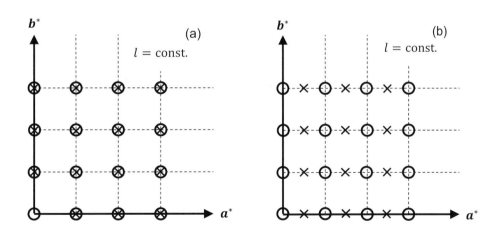

図 3A.5: (a) 逆格子空間（ある $h-k$ 面）における強磁性体，(b) 反強磁性体からの磁気反射．○は逆格子点，×は磁気反射が現れる点を表す

第4章 格子振動【解答例】

問28 フォノンの分散関係【解答例】

(1) 各サイトの原子に対する運動方程式は，

$$M_0 \frac{d^2 u_{2n}}{dt^2} = -\frac{f}{2}(2u_{2n} - u_{2n-1} - u_{2n+1})$$

$$M_1 \frac{d^2 u_{2n+1}}{dt^2} = -\frac{f}{2}(2u_{2n+1} - u_{2n} - u_{2n+2})$$

となる．この連立微分方程式の解として，

$$u_{2n}(t) = \xi_0 \cos(2nqa - \omega t + \phi)$$
$$u_{2n+1}(t) = \xi_1 \cos[(2n+1)qa - \omega t + \phi]$$

を考えることにより，以下の連立代数方程式を得る．

$$(M_0 \omega^2 - f)\xi_0 + f\cos(qa)\xi_1 = 0$$
$$f\cos(qa)\xi_0 + (M_1 \omega^2 - f)\xi_1 = 0$$

ゼロでない ξ_0 と ξ_1 を得るために係数行列の行列式が 0 となればよいので，

$$M_0 M_1 \omega^4 - (M_0 + M_1)f\omega^2 + f^2 \sin^2(qa) = 0$$

となり，これを解くことにより，

$$\omega_\pm^2 = \frac{f}{2\mu}\left[1 \pm \sqrt{1 - \frac{4\mu}{M_0 + M_1}\sin^2(qa)}\right]$$

を得る．ただし，$\mu = M_0 M_1/(M_0 + M_1)$ は換算質量である．ここで ω_- と ω_+ はそれぞれ音響フォノン，光学フォノンの角振動数を表している．長波長極限 $|qa| \ll 1$ においては，

$$\omega_- \approx \sqrt{\frac{f}{M_0 + M_1}}qa, \quad \omega_+ \approx \sqrt{\frac{f}{\mu}}$$

となる．

(2) $M_0/M_1 = 1$ の場合は同種の原子が配列されている場合と同様になるため，第 1 Brillouin 領域は $q = -\pi/a$ から $q = \pi/a$ の間となる．一方，$M_0/M_1 \neq 1$ の場合の第 1 Brillouin 領域は $q = -\pi/2a$ から $q = \pi/2a$ となる．それぞれの場合のフォノンの分散関係を図 4A.1 に示す．実線は ω_+，点線は ω_- をそれぞれ図示している．$M_0/M_1 = 2$ の場合は第 1 Brillouin 領域の両端においてモード間に有限のギャップが存在する．一方，$M_0/M_1 = 1$ については，

$$\omega_\pm^2 = \frac{f}{2\mu}[1 \pm \cos(qa)]$$

となるため，$q = \pm\pi/2a$ においてギャップは存在しないことがわかる．

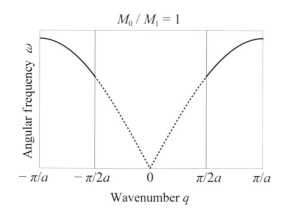
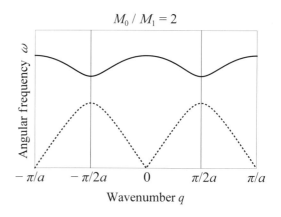

図 4A.1: フォノンの分散関係

問 29　Dulong–Petit の法則【解答例】

結晶が 1 種類の元素だけからなるとすれば，格子振動を単一の振動数を持つ振動子と考えることができる．古典統計力学に基づけば，エネルギー等分配則より，絶対温度 T における振動子 1 個あたりの運動エネルギーとポテンシャルエネルギーの平均値は，それぞれ $k_\mathrm{B}T/2$ となる (k_B は Boltzmann 定数)．よって，振動子のエネルギーの平均値は $k_\mathrm{B}T$ となる．3 次元の格子では 3 方向に振動することから，原子 1 個あたりでは $3k_\mathrm{B}T$．原子が N_A（Avogadro 数）個あれば，全体として $E = 3N_\mathrm{A}k_\mathrm{B}T = 3RT$ となる．よって，単体結晶の 1 モルあたりの定積比熱は以下のように見積もられる．

$$C_V = \frac{\mathrm{d}E}{\mathrm{d}T} = 3R \approx 25 \ [\mathrm{J \ K^{-1} mol^{-1}}]$$

問 30　音響フォノンと光学フォノン【解答例】

(1) 光学フォノンは基本格子に 2 個以上の原子が含まれる場合にのみ存在する．これらの原子が相対的に反対方向に動く振動が，光学フォノンに相当するからである．

(2) 音響フォノンは，波数 k が小さい極限で線形の分散関係を持つ (角振動数が $\omega \propto k$ となる)．一方，光学フォノンは，$k \to 0$ においても有限の角振動数を持つ (およそ赤外線の領域 $\omega \sim 10^{13} \ [\mathrm{s}^{-1}]$)．

(3) 音響フォノンか光学フォノンかにかかわらず，伝搬方向 (波数ベクトル $\bm{k}$ の方向) に対して，縦モードは平行に振動するのに対し，横モードの振動は直交する．波数が小さい極限で音響フォノンの分散関係は $\omega = vk$ と線形になるが，伝搬速度 v が横モードと縦モードで異なる．通常，縦モードのほうが速い．これは，縦モードが物質の「圧縮・膨張」に相当するのに対し，横モードが「ずれ」に相当し，多くの物質で前者の復元力のほうが強いからである．一方，光学フォノンにおいては，横モードと縦モードの違いは角振動数 ω として現れる．通常，縦モードのほうが高い角振動数を持つ．これは，縦モードでは電荷が空間的に偏るためであり (分極 $\bm{P}$ が電荷密度 $\rho = -\bm{\nabla} \cdot \bm{P}$ の変化を伴う)，分極による反電場の影響といえる．

(4) 音響フォノンの比熱への寄与は Debye モデルで，光学フォノンについては Einstein モデルでおよそ議論することができる．十分高温ではどちらも，1 つのモードにつき気体定数 $R = 8.31 \ [\mathrm{J \ K^{-1} mol^{-1}}]$ のモル比熱を与える．一方，十分低温では，絶対温度 T に対して，音響フォ

ノンに由来する比熱が T^3 に比例するのに対し，光学フォノンの寄与はそれに比べて無視することができる．高温か低温かは，Debye 温度や Einstein 温度との比較であり，それらは数十～数千 K の値をとるが，基本的に原子量が大きいほど低い値となる．

(5) 音響フォノンも光学フォノンも，電子励起などを介して光と間接的に相互作用し，Brillouin 散乱や Raman 散乱などとして観測される．ただし，音響フォノン自身は分極を伴わないことから，基本的に光学応答に対して直接寄与はしない．一方，光学フォノンは自身が分極を伴い，イオン結晶などにおいて赤外線で直接励起される．その結果，誘電率や屈折率が赤外領域で変調され，反射や吸収のスペクトルに特徴的な構造が見られる．

(6) 音響フォノンについても光学フォノンについても，非弾性中性子散乱によって分散関係が得られる．他に，Raman 散乱によっても光学フォノンの角振動数が得られるが，分散関係の取得となると難しい．

問31　Einstein モデルにおける格子比熱【解答例】

単位胞の体積を V_0，結晶における単位胞の数を $N = V/V_0$ とする．$\omega(\boldsymbol{q}) = \omega_0$ とすれば，全エネルギーは以下のように表される．

$$E = \frac{3V}{(2\pi)^3} \frac{\hbar\omega_0}{\exp\left(\frac{\hbar\omega_0}{k_B T}\right) - 1} \iiint \mathrm{d}q_x \mathrm{d}q_y \mathrm{d}q_z = \frac{3V}{(2\pi)^3} \frac{\hbar\omega_0}{\exp\left(\frac{\hbar\omega_0}{k_B T}\right) - 1} \frac{(2\pi)^3}{V_0} = \frac{3Nk_B \Theta_E}{\exp\left(\frac{\Theta_E}{T}\right) - 1}$$

ただし，$\Theta_E \equiv \hbar\omega_0/k_B$ は Einstein 温度である．よって，定積比熱 C_V は，

$$C_V = \left(\frac{\mathrm{d}E}{\mathrm{d}T}\right)_V = \frac{-3Nk_B \Theta_E \cdot \left(-\frac{\Theta_E}{T^2}\right) \exp\left(\frac{\Theta_E}{T}\right)}{\left[\exp\left(\frac{\Theta_E}{T}\right) - 1\right]^2} = \frac{3Nk_B \left(\frac{\Theta_E}{T}\right)^2 \exp\left(\frac{\Theta_E}{T}\right)}{\left[\exp\left(\frac{\Theta_E}{T}\right) - 1\right]^2}$$

N を Avogadro 数 N_A に置き換えれば定積モル比熱 C が得られ，以下のように表される．

$$C = 3R \frac{\left(\frac{\Theta_E}{T}\right)^2 \exp\left(\frac{\Theta_E}{T}\right)}{\left[\exp\left(\frac{\Theta_E}{T}\right) - 1\right]^2}$$

また，高温極限 $T/\Theta_E \to \infty$ においては，指数関数部分は次式のように近似できる．

$$\exp\left(\frac{\Theta_E}{T}\right) \approx 1 + \frac{\Theta_E}{T}$$

定積モル比熱の式に対して主要な項のみ残すと，古典的な Dulong–Petit の法則が得られる．

$$C \approx 3R \frac{\left(\frac{\Theta_E}{T}\right)^2 \left(1 + \frac{\Theta_E}{T}\right)}{\left(\frac{\Theta_E}{T}\right)^2} \approx 3R$$

問32　Debye モデルにおける格子比熱【解答例】

(1) 波数空間において，波数 q を半径とした球内にある状態数（モード数）M は，振動モードの自由度 3 まで考慮すると

$$M = 3 \times \frac{4\pi q^3}{3} \frac{L^3}{(2\pi)^3}$$

で表される．分散関係 $\omega(\boldsymbol{q}) = vq$ と状態密度の定義から，状態密度は以下のようになる．

$$D(\omega) = \frac{\mathrm{d}M}{\mathrm{d}\omega} = \frac{\mathrm{d}M}{\mathrm{d}q} \frac{\mathrm{d}q}{\mathrm{d}\omega} = \frac{3L^3}{2\pi^2 v^3} \omega^2$$

(2) 全モード数 (つまり原子数 $N = (L/a)^3$ と振動モードの自由度 3 の積) と状態密度の関係式は，

$$3N = \int_0^\infty D(\omega)\mathrm{d}\omega = \int_0^{\omega_\mathrm{D}} D(\omega)\mathrm{d}\omega$$

となる．(1) で導出した状態密度を用いて，Debye 角振動数 $\omega_\mathrm{D}{}^3 = 6\pi^2 N v^3/L^3 = 6\pi^2 v^3/a^3$ が求められる．

(3) 分布関数として Bose 分布を用いると，エネルギーは，

$$E = \int_0^{\omega_\mathrm{D}} \frac{\hbar\omega}{\exp\left(\frac{\hbar\omega}{k_\mathrm{B}T}\right) - 1} D(\omega)\mathrm{d}\omega = \frac{3\hbar L^3}{2\pi^2 v^3} \int_0^{\omega_\mathrm{D}} \frac{\omega^3}{\exp\left(\frac{\hbar\omega}{k_\mathrm{B}T}\right) - 1}\mathrm{d}\omega$$

と求められる．ここで $\Theta_\mathrm{D}, x_\mathrm{D}$ を用いて簡略化すると，エネルギーは以下のように表される．

$$E = 9Nk_\mathrm{B}T \left(\frac{T}{\Theta_\mathrm{D}}\right)^3 \int_0^{x_\mathrm{D}} \frac{x^3}{\mathrm{e}^x - 1}\mathrm{d}x$$

(4) 低温極限 $T \to 0$ ($x_\mathrm{D} \to \infty$) では，(3) より，

$$E = 9Nk_\mathrm{B}T \left(\frac{T}{\Theta_\mathrm{D}}\right)^3 \int_0^\infty \frac{x^3}{\mathrm{e}^x - 1}\mathrm{d}x = \frac{3Nk_\mathrm{B}\pi^4}{5} T \left(\frac{T}{\Theta_\mathrm{D}}\right)^3$$

となる．このため定積比熱は以下のように求まり，T^3 に比例する．

$$C_V = \left(\frac{\mathrm{d}E}{\mathrm{d}T}\right)_V = \frac{12Nk_\mathrm{B}\pi^4}{5} \left(\frac{T}{\Theta_\mathrm{D}}\right)^3$$

問33　融解温度と Debye 温度【解答例】

問題より，以下の関係式が得られる．

$$\langle u^2 \rangle \sim \frac{9h^2 T}{4\pi^2 M k_\mathrm{B} \Theta_\mathrm{D}^2} \sim \delta^2 R^2$$

これを Debye 温度 Θ_D について解くと，

$$\Theta_\mathrm{D} \sim \frac{1}{\delta}\frac{3h}{2\pi R}\sqrt{\frac{T_m}{Mk_\mathrm{B}}} = \frac{1}{\delta}\frac{1}{(r/\text{Å})}\sqrt{\frac{(T_m/\mathrm{K})}{原子量}} \times 10.45\,[\mathrm{K}]$$

この式から比例定数 δ を各金属に対し見積もれば，表 4A.1 のような値が得られる．よって，これらの金属に対して，$\delta \sim 0.1$ 程度として Lindemann の融解公式が成り立つ．

表 4A.1: δ の計算結果

	δ
アルミニウム	0.100
鉄	0.101
銅	0.110
銀	0.109
金	0.115

第5章　自由粒子【解答例】

問34　Landau 準位【解答例】

(1) ベクトルポテンシャルを用いてハミルトニアンは，

$$\hat{\mathcal{H}} = \frac{1}{2m}\left(\hat{\boldsymbol{p}} + e\boldsymbol{A}\right)^2 = \frac{1}{2m}\left(-\hbar^2\boldsymbol{\nabla}^2 + e^2B^2y^2 - \mathrm{i}2\hbar eBy\frac{\partial}{\partial x}\right)$$

と表せる．波動関数 $\phi(\boldsymbol{r}) = f(y)\exp[\mathrm{i}(k_x x + k_z z)]$ に対してハミルトニアンを作用させると，

$$\frac{1}{2m}\left(-\hbar^2\boldsymbol{\nabla}^2 + e^2B^2y^2 - \mathrm{i}2\hbar eBy\frac{\partial}{\partial x}\right)f(y)\exp[\mathrm{i}(k_x x + k_z z)]$$

$$= \frac{1}{2m}\left[\hbar^2\left(k_x{}^2 + k_z{}^2\right) - \hbar^2\frac{\partial^2}{\partial y^2} + e^2B^2y^2 + 2\hbar eBy k_x\right]f(y)\exp[\mathrm{i}(k_x x + k_z z)]$$

$$= \frac{\hbar^2}{2m}\left[-\frac{\partial^2}{\partial y^2} + \frac{e^2B^2}{\hbar^2}\left(y + \frac{\hbar k_x}{eB}\right)^2 + k_z{}^2\right]f(y)\exp[\mathrm{i}(k_x x + k_z z)]$$

となる．よって Schrödinger 方程式より，

$$\left[-\frac{\hbar^2}{2m}\frac{\partial^2}{\partial y^2} + \frac{e^2B^2}{2m}\left(y + \frac{\hbar k_x}{eB}\right)^2\right]f(y) = \left(E - \frac{\hbar^2 k_z{}^2}{2m}\right)f(y)$$

が導かれる．ここで E は固有エネルギーである．

(2) $\eta = y + \hbar k_x/(eB)$ という変数変換を行い，$\omega_c = e|B|/m$ と定義すると，(1) で導出した微分方程式は，

$$\left[-\frac{\hbar^2}{2m}\frac{\partial^2}{\partial \eta^2} + \frac{m\omega_c{}^2}{2}\eta^2\right]f(\eta) = \left(E - \frac{\hbar^2 k_z{}^2}{2m}\right)f(\eta)$$

と書き下すことができる．これは ω_c で振動する調和振動子に対する Schrödinger 方程式と等価であるため，エネルギーは次のように離散化される．

$$E_n(k_z) = \frac{\hbar^2 k_z{}^2}{2m} + \left(n + \frac{1}{2}\right)\hbar\omega_c$$

このように磁場中で離散化された電子の準位を Landau 準位という．

(3) Landau 準位に離散化された調和振動子のエネルギーは，自由電子の分散関係と比較することにより，

$$\frac{\hbar^2 k_{\perp,n}{}^2}{2m} = \hbar\omega_c\left(n + \frac{1}{2}\right)$$

となる．ここで $k_{\perp,n}$ は，波数空間において，n 個の調和振動子のエネルギーに対応した z 軸に垂直な平面内の動径方向の長さを表す．よって n 個と $n-1$ 個の調和振動子のエネルギー差によって生じる波数空間上の面積 $S_n = \pi(k_{\perp,n}{}^2 - k_{\perp,n-1}{}^2)$ より，状態密度 $D(E)$ は，

$$D(E)\mathrm{d}E = \frac{4V}{(2\pi)^3}\frac{2\pi m\omega_c}{\hbar}\sum_n \mathrm{d}k_{z,n}(E)$$

となる.ここで,4という係数は,スピン自由度および,与えられたエネルギーEに対して$k_{z,n}(E)$が正負の2通りあることに由来する.z軸に垂直な方向の自由度がnで特徴づけられる時,z軸方向の正の波数は以下のように表される.

$$k_{z,n} = \sqrt{\frac{2m}{\hbar^2}}\sqrt{E - \hbar\omega_c\left(n+\frac{1}{2}\right)}$$

$$\frac{\mathrm{d}k_{z,n}}{\mathrm{d}E} = \sqrt{\frac{m}{2\hbar^2}}\frac{1}{\sqrt{E - \hbar\omega_c\left(n+\frac{1}{2}\right)}}$$

よって,状態密度は,

$$D(E) = \frac{(2m)^{3/2}\omega_c V}{4\pi^2\hbar^2}\sum_n \mathrm{Re}\left[\frac{1}{\sqrt{E - \hbar\omega_c\left(n+\frac{1}{2}\right)}}\right]$$

として与えられる.この関数を適当なスケールでプロットすると図5A.1のようなグラフが得られる.

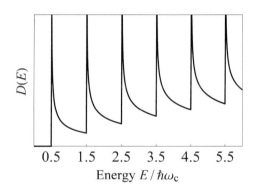

図5A.1: 磁場が印加された3次元電子系の状態密度の概形

問35 自由電子系の状態密度と体積弾性率【解答例】

(1) Fermi波数k_Fを半径とするd次元球の体積はk_F^dに比例するためCk_F^dとおく.状態数Nは,この体積内に,スピン自由度を含めて体積要素$(2\pi/L)^d$あたり2個あるので,以下のように表せる.

$$N = 2C\left(\frac{L}{2\pi}\right)^d k_\mathrm{F}^d$$

Fermi波数k_FとFermi準位E_Fの間には$E_\mathrm{F} = \hbar^2 k_\mathrm{F}^2/2m$の関係があるため,状態数$N$を$E_\mathrm{F}$を用いて表すと以下のように書ける.

$$N = 2C\left(\frac{L}{2\pi}\right)^d \left(\frac{2mE_\mathrm{F}}{\hbar^2}\right)^{d/2} = 2C(2m)^{d/2}\left(\frac{L}{2\pi\hbar}\right)^d E_\mathrm{F}^{d/2} \tag{5A.1}$$

ゆえに,状態密度$D(E_\mathrm{F})$は状態数のエネルギー微分によって以下のように求められる.

$$D(E_\mathrm{F}) = \frac{\mathrm{d}N}{\mathrm{d}E_\mathrm{F}} = dC(2m)^{d/2}\left(\frac{L}{2\pi\hbar}\right)^d E_\mathrm{F}^{(d/2)-1}$$

第 5 章 自由粒子【解答例】

あとは, d に次元数を代入して各次元の状態密度を求める. 定数 C は, 1 次元の場合には $C = 2$ (直線の長さ), 2 次元の場合には $C = \pi$ (円の面積), 3 次元の場合には $C = 4\pi/3$ (球の体積) となる. 1 次元の場合, 状態密度は $E_\mathrm{F}^{-1/2}$ に比例する:

$$D(E_\mathrm{F}) = 2(2m)^{1/2} \left(\frac{L}{2\pi\hbar}\right) E_\mathrm{F}^{-1/2}$$

2 次元の場合, 状態密度は E_F によらず一定となる:

$$D(E_\mathrm{F}) = 2\pi(2m) \left(\frac{L}{2\pi\hbar}\right)^2$$

3 次元の場合, 状態密度は $E_\mathrm{F}^{1/2}$ に比例する:

$$D(E_\mathrm{F}) = 4\pi(2m)^{3/2} \left(\frac{L}{2\pi\hbar}\right)^3 E_\mathrm{F}^{1/2}$$

(2) エネルギー E における状態密度 $D(E)$ を用いると, 系の内部エネルギー U は以下のように書ける.

$$U = \int_0^{E_\mathrm{F}} E\, D(E)\, \mathrm{d}E = \frac{d}{(d/2)+1} C(2m)^{d/2} \left(\frac{L}{2\pi\hbar}\right)^d E_\mathrm{F}^{(d/2)+1} \tag{5A.2}$$

ここで式 (5A.1) を変形して,

$$E_\mathrm{F} = \frac{1}{2m} \left(\frac{N}{2C}\right)^{2/d} \left(\frac{2\pi\hbar}{L}\right)^2$$

を式 (5A.2) に代入する.

$$U = \frac{2d}{d+2} \frac{C}{2m} \left(\frac{N}{2C}\right)^{(2/d)+1} \left(\frac{2\pi\hbar}{L}\right)^2 \propto \frac{1}{L^2} = V^{-2/d}$$

圧力 p は, 内部エネルギーを系の体積 V で微分することで得られる.

$$p = -\frac{\mathrm{d}U}{\mathrm{d}V} = \frac{2}{d}\frac{U}{V} \propto V^{-(d+2)/d}$$

よって, 体積弾性率 B は以下のように求めることができる.

$$B = -V\frac{\mathrm{d}p}{\mathrm{d}V} = \frac{d+2}{d}p$$

1 次元の場合,

$$B = 3p$$

2 次元の場合,

$$B = 2p$$

3 次元の場合,

$$B = \frac{5}{3}p$$

問 36 自由電子系の化学ポテンシャル【解答例】

化学ポテンシャル μ は, 絶対零度では全粒子の占有が完了するエネルギーと見なすことができる. 一方, 有限温度では以下のように決められる. Fermi 分布関数 $f(E)$ は μ と温度 T を用いて以下のように書ける.

$$f(E) = \frac{1}{\exp\left[(E-\mu)/(k_\mathrm{B}T)\right]+1}$$

この Fermi 分布関数と状態密度 $D(E)$ を用いて, 全粒子数 N は以下のように表される.

$$N = \int_0^\infty D(E)f(E)\,\mathrm{d}E$$

すなわち, 図 5A.2 の実線を積分することになる. その積分値が, 温度に依らず一定値 N を与えるように化学ポテンシャル μ は決められる.

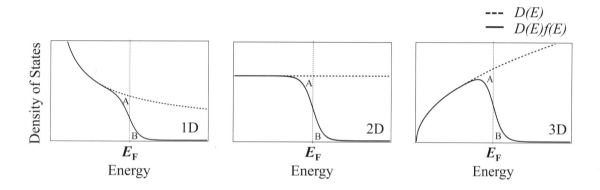

図 5A.2: 1 次元, 2 次元, 3 次元の場合の状態密度. 点線は状態密度関数 $D(E)$ を, 実線はそれに有限温度の Fermi 分布関数をかけて電子の占有数 $D(E)f(E)$ を表したもの. 縦点線は Fermi 準位 E_F を示す.

絶対零度 ($T=0$) においては, Fermi 分布関数は $E=\mu=E_\mathrm{F}$ (E_F は Fermi 準位) を境とするステップ関数となる. 有限温度では Fermi 分布関数が有限の幅を持ち, μ が変化しないと仮定すれば占有側の電子 (図中の A) が減り, 非占有側の電子 (図中の B) が増える. 粒子数が温度によらず一定であるためには, 図中の A と B の面積が等しくなければならない.

1 次元の場合

状態密度はエネルギーに対する単調減少関数となるため, $\mu=E_\mathrm{F}$ を仮定する場合 A が B よりも大きくなってしまう. このため, 化学ポテンシャルは高エネルギー側にシフトする必要がある. よって, 化学ポテンシャルは温度とともに増加する.

2 次元の場合

状態密度はエネルギーによらず一定となるため, $\mu=E_\mathrm{F}$ としても A と B の面積は等しい. よって, 化学ポテンシャルは温度とともに変化しない.

3 次元の場合

状態密度はエネルギーに対する単調増加関数となるため, $\mu=E_\mathrm{F}$ を仮定する場合 A が B よりも小さくなってしまう. このため, 化学ポテンシャルは低エネルギー側にシフトする必要がある. よって, 化学ポテンシャルは温度とともに減少する.

第 5 章 自由粒子【解答例】

問 37　自由電子系の比熱【解答例】

(1) Fermi エネルギー E_F から見てエネルギー $k_B T$ 程度を持った粒子が，熱によって $D(E_F)k_B T$ 程度の数だけ励起される．ただし，$D(E_F)$ は状態密度である．よって，熱励起によるエネルギーは $(k_B T)^2$ に比例するので，比熱は温度に比例する．

(2) 3 次元自由電子の数 n は，状態密度 $D(E)$ と Fermi 分布関数 $f(E)$ を用いて，

$$n = \int_0^\infty D(E)f(E)\mathrm{d}E$$

と書ける．$f(E) = [\mathrm{e}^{(E-\mu)/k_B T} + 1]^{-1}$ であることを用いて Sommerfeld 展開を行うと，

$$n \approx \int_0^\mu D(E)\mathrm{d}E + \frac{\pi^2 (k_B T)^2}{6}\left.\frac{\mathrm{d}D(E)}{\mathrm{d}E}\right|_{E=\mu} = \frac{2}{3}C\mu^{3/2} + \frac{\pi^2(k_B T)^2}{6}\frac{1}{2}C\mu^{-1/2}$$

となる．ここで十分低温であることを考慮し，$\mu^{3/2} \approx E_F^{3/2} + (3/2)E_F^{1/2}(\mu - E_F)$，$\mu^{-1/2} \approx E_F^{-1/2}$ とすると，

$$n \approx \frac{2}{3}CE_F^{3/2} + CE_F^{1/2}(\mu - E_F) + \frac{\pi^2(k_B T)^2}{6}\frac{1}{2}CE_F^{-1/2}$$

となる．一方，絶対零度 $T = 0$ において $\mu = E_F$ であることから，

$$n \approx \frac{2}{3}CE_F^{3/2}$$

となる．これらの両辺を引くと，

$$CE_F^{1/2}(\mu - E_F) + \frac{\pi^2(k_B T)^2}{6}\frac{1}{2}CE_F^{-1/2} \approx 0$$

となり，μ について解くと，

$$\mu(T) \approx E_F\left[1 - \frac{\pi^2}{12}\left(\frac{k_B T}{E_F}\right)^2\right]$$

が得られる．

(3) 3 次元自由電子のエネルギー U は，状態密度 $D(E)$ と Fermi 分布関数 $f(E)$ を用いて，

$$U = \int_0^\infty E D(E)f(E)\mathrm{d}E$$

と書ける．(2) と同様に Sommerfeld 展開を行うと，

$$U \approx \int_0^\mu E D(E)\mathrm{d}E + \frac{\pi^2(k_B T)^2}{6}\left.\frac{\mathrm{d}(ED(E))}{\mathrm{d}E}\right|_{E=\mu} = \frac{2}{5}C\mu^{5/2} + \frac{\pi^2(k_B T)^2}{6}\frac{3}{2}C\mu^{1/2}$$

と表すことができる．(2) で得られた化学ポテンシャルの表式を用いて，全体として温度の 2 次まで評価することを考えると，

$$\frac{2}{5}C\mu^{5/2} \approx \frac{2}{5}CE_F^{5/2}\left[1 - \frac{5}{2}\frac{\pi^2}{12}\left(\frac{k_B T}{E_F}\right)^2\right] = D(E_F)\left[\frac{2}{5}E_F^2 - \frac{\pi^2}{12}(k_B T)^2\right]$$

$$\frac{3}{2}C\mu^{1/2} \approx \frac{3}{2}CE_F^{1/2} = \frac{3}{2}D(E_F)$$

と近似することができる．これらを用いると，

$$U \approx D(E_F)\left[\frac{2}{5}E_F^2 - \frac{\pi^2}{12}(k_B T)^2\right] + \frac{\pi^2(k_B T)^2}{4}D(E_F) = D(E_F)\left[\frac{2}{5}E_F^2 + \frac{\pi^2}{6}(k_B T)^2\right]$$

が得られる．
また，比熱は $C_{el} = \mathrm{d}U/\mathrm{d}T$ で与えられるため，

$$C_{el} \approx \frac{\pi^2}{3}D(E_F)k_B^2 T$$

と表すことができる．

問38 低温における電子の輸送現象【解答例】

(1) 十分低温においては非弾性散乱の影響が無視できるため, 電気伝導度 σ は温度に依存せず Fermi エネルギーの状態密度 $D(E_F)$ から決定されるが, 熱伝導度 κ に寄与する電子の数は Fermi エネルギーでの状態密度に温度で励起されるエネルギー幅を乗じたもので, $D(E_F)T$ に関係する. よって, κ/σ は低温で T に比例する.

(2) 単純に代入すれば,

$$J = e\sum_k \nu(k) f(k)$$
$$= \sum_k \left\{ e\nu(k) f_0(k) + \left[e^2 \tau(k) \nu^2(k) \left(-\frac{\partial f_0}{\partial \epsilon} \right) \right] E \right.$$
$$\left. + \left[e\tau(k) \nu^2(k) \left(-\frac{\partial f_0}{\partial \epsilon} \right) (\epsilon(k) - \mu) \right] \left(-\frac{1}{T} \right) \frac{dT}{dx} \right\}$$

を得る. 第1項目は電場がない状況を表し, 対称性から必ず 0 になる. これにより,

$$J = \sum_k \left\{ \left[e^2 \tau(k) \nu^2(k) \left(-\frac{\partial f_0}{\partial \epsilon} \right) \right] E + \left[e\tau(k) \nu^2(k) \left(-\frac{\partial f_0}{\partial \epsilon} \right) (\epsilon(k) - \mu) \right] \left(-\frac{1}{T} \right) \frac{dT}{dx} \right\}$$

が得られる.

(3) 上式より, 電気伝導度は,

$$\sigma = \sum_k e^2 \tau(k) \nu^2(k) \left(-\frac{\partial f_0}{\partial \epsilon} \right)$$

と表される. また, 問題で定義された K_n を用いて, $\sigma = e^2 K_0$ と書くことができる.

(4) K_1 も用いれば, 電流密度は,

$$J = e^2 K_0 E - e K_1 \left(\frac{1}{T} \right) \frac{dT}{dx}$$

と書き直すことができる. よって, $J = 0$ のとき, E について解けば,

$$E = \frac{1}{eT} \frac{K_1}{K_0} \frac{dT}{dx}$$

よって, 電場と電位差の関係から, Seebeck 係数は以下のように得られる.

$$S = -\frac{1}{eT} \frac{K_1}{K_0}$$

(5) Sommerfeld 展開を用いて, $K_1 \sim \left(\pi^2 k_B{}^2 T^2/3\right) dL/d\epsilon|_{\epsilon=\mu}$. また, $K_0 \sim L(\mu)$ より,

$$S \sim -\frac{\pi^2 k_B{}^2}{3e} \frac{1}{L(\mu)} \left. \frac{dL}{d\epsilon} \right|_{\epsilon=\mu} T$$

となり, Seebeck 係数は温度に比例する. $dL/d\epsilon|_{\epsilon=\mu}$ の符号によって正負が変わり, キャリアがホールなら S は正, 電子なら S は負となる. そのためキャリアを判別する手段としても用いられる.

(6) 同様に Sommerfeld 展開を用いると, $K_2 \sim \pi^2 k_B{}^2 T^2 L(\mu)/3$ となる. さらに, $\sigma = e^2 K_0 \sim e^2 L(\mu)$ を用いると, Lorenz 数は以下のように得られる.

$$\frac{\kappa_{el}}{\sigma T} = \frac{\pi^2 k_B{}^2}{3e^2} \sim 2.44 \times 10^{-8} \, [\text{W}\Omega/\text{K}^2]$$

問 39 ハーフメタルとセミメタル【解答例】

(1) ハーフメタルとは, 価電子および伝導電子バンド構造が電子のスピンによって異なり, 例えば図 5A.3 のように, 上向きスピンの電子バンドは金属的で Fermi 準位で有限の状態密度を持つが, 下向きスピンの電子バンドはギャップが開いて Fermi 準位で状態密度が 0 と絶縁体的になっている金属である. これに対してセミメタル（半金属）は「負のエネルギーギャップを持つ半導体」を想像すればよく, 図 5A.4 のように, 価電子帯上部のエネルギー準位が伝導帯下部（底）のエネルギー準位よりも高く, その間に Fermi 準位が位置することで価電子帯に正孔, 伝導帯に電子がそれぞれ少数存在したものである.

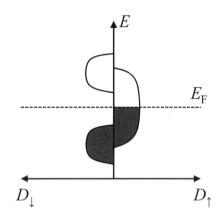

図 5A.3: ハーフメタルの状態密度

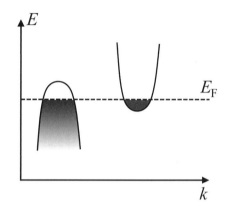

図 5A.4: 半金属のバンド構造

(2) 代表的なハーフメタルとして, CrO_2 や Fe_3O_4 などの金属酸化物やホイスラー合金と呼ばれる NiMnSb や Co_2MnAl などの物質が挙げられる. 応用例としては, 巨大磁気抵抗素子や磁気トンネル接合素子といったスピントロニクス素子が挙げられる.

また, 半金属（セミメタル）の例としては, C（グラファイト）や Bi, As, Sb などの単体元素や Hg-Te 合金や Bi-Sb 合金が挙げられる. 一部の半金属（セミメタル）はトポロジカル絶縁体であることがわかっており, 磁気センサやスピントランジスタへの応用が期待されている.

問 40 de Haas–van Alphen 効果を用いた Fermi 面の観測法【解答例】

(1) ベクトルポテンシャル $\boldsymbol{A}$, Coulomb ポテンシャル ϕ, 電場 $\boldsymbol{E} = -\dot{\boldsymbol{A}} - \mathrm{grad}\phi$, 磁束密度 $\boldsymbol{B} = \mathrm{rot}\boldsymbol{A}$ に対して, 質量 m, 電荷 $-e$ の電子の位置 $\boldsymbol{r}$ と速度 $\boldsymbol{v} = \dot{\boldsymbol{r}}$ は Newton の運動方程式 $m\dot{\boldsymbol{v}} = -e\boldsymbol{E} - e\boldsymbol{v} \times \boldsymbol{B}$ に従う. これを与えるラグランジアンは $L = (m/2)\dot{\boldsymbol{r}}^2 - e\dot{\boldsymbol{r}} \cdot \boldsymbol{A}(\boldsymbol{r}) + e\phi(\boldsymbol{r})$ と書ける. つまり, 電磁場中での電子の運動量は $\boldsymbol{p} = \partial L/\partial \dot{\boldsymbol{r}} = m\boldsymbol{v} - e\boldsymbol{A}$ と表される. よって, 磁場中の電子に対して, Bohr–Sommerfeld の量子化条件は, 以下のように書かれる.

$$\oint (m\boldsymbol{v} - e\boldsymbol{A}) \cdot \mathrm{d}\boldsymbol{s} = \oint (\hbar\boldsymbol{k} - e\boldsymbol{A}) \cdot \mathrm{d}\boldsymbol{s} = \left(n + \frac{1}{2}\right)h \tag{5A.3}$$

ここで, $\hbar\boldsymbol{k}$ は磁場の影響を差し引いた電子の運動量, $\boldsymbol{k}$ は電子の波数ベクトルを表す.

(2) 式 (5.2) の $\boldsymbol{k}_0 = 0$ とおくと,
$$\boldsymbol{k} = -\frac{e\mu_0}{\hbar}\boldsymbol{r} \times \boldsymbol{H}$$

これを Bohr–Sommerfeld の量子化条件 (5A.3) に代入すると，左辺第 1 項は，

$$\oint \hbar \boldsymbol{k} \cdot \mathrm{d}\boldsymbol{s} = -e \oint \mu_0 (\boldsymbol{r} \times \boldsymbol{H}) \cdot \mathrm{d}\boldsymbol{s} = e\mu_0 \boldsymbol{H} \oint \boldsymbol{r} \times \mathrm{d}\boldsymbol{s} = 2e\mu_0 HS$$

また，第 2 項に対して Stokes の定理を用いると，

$$-e \oint \boldsymbol{A} \cdot \mathrm{d}\boldsymbol{s} = -e \int \mathrm{rot} \boldsymbol{A} \, \mathrm{d}S = -e\mu_0 HS$$

よって，Bohr–Sommerfeld の量子化条件 (5A.3) は以下のように書き表せる．

$$e\mu_0 HS = \left(n + \frac{1}{2}\right) h$$

(3) 式 (5.2) より，

$$A = \pi k^2 = \pi \left(-\frac{e\mu_0}{\hbar} \boldsymbol{r} \times \boldsymbol{H}\right)^2 = \left(\frac{e\mu_0 H}{\hbar}\right)^2 S$$

(2) で求めた式を用いて S を消去すると，

$$A_n = \frac{2\pi e\mu_0 H}{\hbar} \left(n + \frac{1}{2}\right) \tag{5A.4}$$

A_n は軌道の面に垂直な波数成分 (以下 k_z とする) に対して一定であるため，波数空間で電子軌道は断面積 A_n の円筒を形成する．この円筒を Landau チューブと呼ぶ．式 (5A.4) の n が大きくなると，電子軌道が囲む円も拡大するため，波数空間でこの電子の存在が許される領域は多層の同軸円筒構造となる．

ただし，k_z に対して面内の運動エネルギーは一定だが，z 軸方向の運動を含めた総運動エネルギーは変化するため，Landau チューブが等エネルギー面を形成しているわけではないことに注意する．

(4) 隣り合う 2 つの Landau 準位 n, $n-1$ が Fermi 準位を横切る磁場の強さを H_1, H_2 とすると，(3) で求めた式より，振動周期 $\Delta(1/H)$ は，

$$\Delta\left(\frac{1}{H}\right) = \frac{1}{H_1} - \frac{1}{H_2} = \frac{2\pi e\mu_0}{\hbar A}$$

よって，磁場の強さの逆数に対する磁化の振動周期を測定することで，Fermi 面の断面積を求めることができる．ただし，この時求められる Fermi 面は磁場に垂直な断面のうち，波数空間上で極大，極小となる断面である．例を挙げると，ひょうたん型の Fermi 面では，上下の膨らみと中央のくびれにおける 3 つの断面積を求めることができる．これは，このような極値断面において，Fermi 面と Landau チューブの重なる領域が最大となり，状態密度が最大となるためである．

問 41　3 次元系の Bose–Einstein 凝縮【解答例】

(1) 3 次元自由粒子の状態密度は，

$$D(E) = \frac{V}{4\pi^2} \left(\frac{2m}{\hbar^2}\right)^{3/2} E^{1/2}$$

と表すことができる．ここで V は体積，m は質量を表す．$\mu = 0$ の Bose 分布関数から，粒子密度 $n = N/V$ は (N は粒子数)，

$$n = \frac{1}{4\pi^2} \left(\frac{2m}{\hbar^2}\right)^{3/2} \int_0^\infty \frac{E^{1/2}}{\exp(E/k_\mathrm{B}T_0) - 1} \mathrm{d}E = \frac{1}{4\pi^2} \left(\frac{2mk_\mathrm{B}T_0}{\hbar^2}\right)^{3/2} \zeta\left(\frac{3}{2}\right) \Gamma\left(\frac{3}{2}\right)$$

となる. 温度について解くと,

$$T_0 = \frac{\hbar^2}{2mk_\mathrm{B}} \left[\frac{4\pi^2 n}{\zeta\left(\frac{3}{2}\right)\Gamma\left(\frac{3}{2}\right)} \right]^{2/3}$$

を得る.

(2) 温度 $T < T_0$ における最低エネルギー以外の粒子密度は,

$$n_{E>0} = \frac{1}{4\pi^2} \left(\frac{2m}{\hbar^2}\right)^{3/2} \int_0^\infty \frac{E^{1/2}}{\exp(E/k_\mathrm{B}T) - 1} \mathrm{d}E = \frac{N}{V}\left(\frac{T}{T_0}\right)^{3/2}$$

となることから, 最低エネルギー状態にある粒子密度,

$$n_{E=0} = \frac{N}{V}\left[1 - \left(\frac{T}{T_0}\right)^{3/2}\right]$$

を得る.

(3) (1) と同様の計算を行うことで, 全エネルギー E は,

$$E = \frac{\zeta\left(\frac{5}{2}\right)\Gamma\left(\frac{5}{2}\right)}{\zeta\left(\frac{3}{2}\right)\Gamma\left(\frac{3}{2}\right)} N k_\mathrm{B} T \left(\frac{T}{T_0}\right)^{3/2}$$

と求められる. これより定積比熱は,

$$C_V = \frac{5}{2}\frac{\zeta\left(\frac{5}{2}\right)\Gamma\left(\frac{5}{2}\right)}{\zeta\left(\frac{3}{2}\right)\Gamma\left(\frac{3}{2}\right)} N k_\mathrm{B} \left(\frac{T}{T_0}\right)^{3/2}$$

問42 2次元系の Bose–Einstein 凝縮【解答例】

全粒子数 N を状態密度 $D(\epsilon)$ を使って積分で書き表すと,

$$N = \int f(\epsilon) D(\epsilon) \mathrm{d}\epsilon$$

となる. ここで,

$$f(\epsilon) = \frac{1}{\mathrm{e}^{\beta(\epsilon-\mu)} - 1}$$

は Bose 分布関数である. 問 35 で求めた $S=0$ の 2 次元理想気体の状態密度の表式を代入して, 化学ポテンシャル μ の決定方程式,

$$N = \frac{mV}{2\pi\hbar^2} \int_0^\infty \frac{1}{\mathrm{e}^{\beta(\epsilon-\mu)} - 1} \mathrm{d}\epsilon$$

を得る. これが有限温度で常に $\mu \neq 0$ の解を持てば, Bose-Einstein 凝縮を起こさないことがわかる. そこで, μ が 0 に近づくときにどのように振る舞うのかを見るために, 上式の積分を評価する. $\alpha \leq 0$ に対して関数 $I(\alpha)$ を,

$$I(\alpha) = \int_0^\infty \frac{1}{\mathrm{e}^{x-\alpha} - 1} \mathrm{d}x$$

と定義すると, これは α の単調増加関数であることがわかる. $\alpha < 0$ とすれば,

$$I(\alpha) = \int_0^\infty \sum_{n=1}^\infty \mathrm{e}^{n(\alpha-x)} \mathrm{d}x = \sum_{n=1}^\infty \frac{\mathrm{e}^{n\alpha}}{n} \simeq \sum_{n=1}^\infty \left(\frac{1}{n} + \alpha\right)$$

とできる. ただし, 最後の近似では $|\alpha| \ll 1$ とした. これより, $I(\alpha)$ は $\alpha \to -0$ で対数発散することがわかる. したがって, 化学ポテンシャルの決定方程式,

$$I(\beta\mu) = \frac{2\pi\hbar^2 \beta N}{mV}$$

は有限温度で常に $\mu \neq 0$ の解を持つ. 以上より, 2 次元理想 Bose 気体は有限温度で Bose–Einstein 凝縮を起こさないことが示された.

第6章 金属・半導体中の自由電子【解答例】

問43 Drude モデルにおける電気伝導【解答例】

(1) 質量 m^* の電子に対して運動方程式を立てると，

$$m^* \frac{dv}{dt} = -eE$$

両辺を $t=0$ において $v=0$ という初期条件のもと積分すると，緩和時間 τ だけ時間が経過した時の電子の速度（平均の速度）v_D は，

$$v_D = -\frac{eE}{m^*}\tau$$

(2) (1) で求めたドリフト速度を電流密度の表式に代入する．

$$J = -nev_D = \frac{ne^2\tau}{m^*}E$$

よって，電気伝導度 $\sigma = J/E$ は以下のように得られる．

$$\sigma = \frac{ne^2\tau}{m^*}$$

(3) 金属は，キャリア密度が温度によらず一定なので，散乱確率の温度依存性が電気抵抗率の温度依存性の主要因となる．散乱の主要因であるフォノン散乱は温度低下と共に抑制されるため，緩和時間が増大し，抵抗率は減少する．一方半導体では，バンドギャップ Δ が存在するため熱活性によってキャリアが増加する．よってキャリア密度 n の温度依存性は指数関数 $\exp[-\Delta/(2k_B T)]$ で記述される．これは温度の弱い関数（例えば線形に比例）である「キャリア散乱確率」より激しい温度依存性である．したがって半導体の抵抗率の温度依存性は，キャリア密度 n の温度変化が主要因となり，温度低下と共に抵抗率が急激に増加する．但し温度がバンドギャップ Δ より十分大きい高温の場合には，フォノン散乱の影響が大きくなり金属と同様の振る舞いとなる．

問44 抵抗率による電子の物理量の推定【解答例】

(1) 面心立方格子中に 4 個原子があり，銅 1 原子当たり電子 1 個を出すので，電子密度 n は，

$$n = \frac{4}{(3.6 \times 10^{-10})^3} = 8.57 \times 10^{28} \approx 8.6 \times 10^{28} \ [\mathrm{m}^{-3}]$$

と求められる．

(2) Fermi 速度 v_F は，Fermi 波数 $k_F = (3\pi^2 n)^{1/3} = 1.36 \times 10^{10} \approx 1.4 \times 10^{10} \ [\mathrm{m}^{-1}]$ を用いて，

$$v_F = \frac{\hbar k_F}{m} = \frac{6.626 \times 10^{-34} \times 1.36 \times 10^{10}}{2\pi \times 9.11 \times 10^{-31}} = 1.57 \times 10^6 \approx 1.6 \times 10^6 \ [\mathrm{m/s}]$$

第 6 章 金属・半導体中の自由電子【解答例】

(3) Fermi エネルギー E_F は，
$$E_\mathrm{F} = \frac{\hbar^2 k_\mathrm{F}{}^2}{2m} = \frac{(6.626 \times 10^{-34} \times 1.36 \times 10^{10})^2}{(2\pi)^2 \times 2 \times 9.11 \times 10^{-31}}$$
$$\approx 1.1 \times 10^{-18} \text{ [J]}$$
$$\approx 7.1 \text{ [eV]}$$
$$E_\mathrm{F}/k_\mathrm{B} \approx 8.2 \times 10^4 \text{ [K]}$$

各エネルギーの換算に関して，E_F/e, $E_\mathrm{F}/k_\mathrm{B}$ によって [eV] と [K] に単位の変換を行った．

(4) 平均緩和時間 τ は，$\rho = m/ne^2\tau$ により求められるため，
$$\tau = \frac{9.11 \times 10^{-31}}{8.57 \times 10^{28} \times (1.602 \times 10^{-19})^2 \times 1.7 \times 10^{-8}} = 2.43 \times 10^{-14} \approx 2.4 \times 10^{-14} \text{ [s]}$$

(5) 平均自由行程 l は，$l = v_\mathrm{F}\tau$ より，
$$l = 1.57 \times 10^6 \times 2.43 \times 10^{-14} = 3.81 \times 10^{-8} \approx 3.8 \times 10^{-8} \text{ [m]}$$

(6) 残留抵抗比 $RRR = \rho(RT)/\rho(4.2\mathrm{K}) = 1000$ (RT: 室温) より，低温では平均自由行程が 1000 倍長くなる．よって，
$$l = 38 \text{ [}\mu\mathrm{m]}$$

問 45　プラズマ振動【解答例】

電子集団とイオン集団のずれの大きさを x とする．Gauss の法則などから，両面の表面電荷により内部に生ずる電場 E は，
$$E = \frac{nex}{\varepsilon_0}$$
となり，電子集団自体の長さには依存しない．イオンの質量に比べて電子の質量がはるかに小さいことから，電子のみの運動として考えてよい．各電子には $-eE$ の力が作用し，運動方程式としては，
$$m\frac{\mathrm{d}^2 x}{\mathrm{d} t^2} = -\frac{ne^2}{\varepsilon_0}x$$
と表される．よって，プラズマ角振動数は，
$$\omega_p = \sqrt{\frac{ne^2}{m\varepsilon_0}}$$
として得られ，サイズに依存しない．

問 46　表面プラズマ振動【解答例】

(1) $z < 0$ において $\varphi_0(x,z) = A\cos(kx)\mathrm{e}^{kz}$ とすれば，真空中での x 方向の電場は，
$$E_{0x}(x,z) = -\frac{\partial \varphi_0}{\partial x} = kA\sin(kx)\mathrm{e}^{kz}$$
である．したがって，境界 $z = 0$ において，
$$E_{0x}(x,0) = E_{1x}(x,0) = kA\sin(kx)$$
となり，境界における電場の接線成分が等しいという Maxwell の境界条件を満足する．

(2) 角振動数 ω に対して，金属（プラズマ）の比誘電率を $\varepsilon_r(\omega)$ とする．金属中（$z>0$）と真空中（$z<0$）の電束密度の法線成分は，それぞれ，

$$D_{1z}(x,z) = \varepsilon_0\varepsilon_r(\omega)E_{1z}(x,z) = \varepsilon_0\varepsilon_r(\omega)kA\cos(kx)\mathrm{e}^{-kz}$$

$$D_{0z}(x,z) = \varepsilon_0 E_{0z}(x,z) = -\varepsilon_0\frac{\partial\varphi_0}{\partial z} = -\varepsilon_0 kA\cos(kx)\mathrm{e}^{kz}$$

となる．ここで，Maxwell の境界条件として，電束密度の法線成分が境界で等しいとすれば，$D_{0z}(x,0) = D_{1z}(x,0)$ が成り立つ必要がある．したがって，

$$\varepsilon_r(\omega) = -1$$

を満足するとき，Maxwell の境界条件を満たす．真空との界面における表面プラズマ振動の角振動数 ω_s はこの条件により決定される．いま，プラズマ角振動数を ω_p とすれば，比誘電率は，

$$\varepsilon_r(\omega) = 1 - \frac{\omega_p{}^2}{\omega^2}$$

と表されるので，ω_s と ω_p の関係として，

$$\omega_s{}^2 = \frac{\omega_p{}^2}{2}$$

が得られる．これは Stern–Ferrell の結果として知られている．

問47　電子の電磁波応答における近似【解答例】

Faraday の法則 $\boldsymbol{\nabla}\times\boldsymbol{E}(\boldsymbol{r},t) = -(\partial/\partial t)\boldsymbol{B}(\boldsymbol{r},t)$ から，Lorentz 力の項を Fourier 変換すれば，以下のように書き直される．

$$-e\left[\boldsymbol{E}(\boldsymbol{k},\omega) + \frac{\boldsymbol{p}(\omega)}{m}\times\boldsymbol{B}(\boldsymbol{k},\omega)\right] = -e\left\{\boldsymbol{E}(\boldsymbol{k},\omega) + n(\omega)\frac{\boldsymbol{v}(\omega)}{c}\times[\boldsymbol{e_k}\times\boldsymbol{E}(\boldsymbol{k},\omega)]\right\}$$

ただし，$\boldsymbol{v}=\boldsymbol{p}/m$ は電子の速度，$n(\omega) = \varepsilon_r(\omega)^{1/2}$ は物質中の屈折率，$\boldsymbol{e_k} = \boldsymbol{k}/|k|$ は電磁波の進行方向の単位ベクトルである．よって，電子の速さ v が光速 c と同程度とならない限りは，第2項の磁場の影響は無視することができる．電流密度が $j\sim 1\,[\mathrm{A/mm^2}]$ で，伝導電子の密度が $n_e \sim 10^{22}\,[\mathrm{cm^{-3}}]$ とすれば，電子の速さは $v = j/n_e e \sim 0.1\,[\mathrm{cm/s}]$ であり，光速 $c = 3\times 10^{10}\,[\mathrm{cm/s}]$ に比べれば無視できる．一方，電場の空間変動は電磁波の波長 $\lambda(\omega) = 2\pi c/\omega$（もしくは物質中の波長・減衰長 $(2\pi c/\omega)/|n(\omega)|$）程度のスケールである．プラズマ角振動数は $\omega_p \sim 10^{16}\,[\mathrm{s^{-1}}]$，すなわち波長としては $\lambda \sim 100\,[\mathrm{nm}]$ と紫外の領域であり，注目する振動数領域 $\omega \lesssim \omega_p$ での波長は $100\,[\mathrm{nm}]$ オーダーかそれ以上となる．この長さに比べて，電子の平均自由行程が十分短ければ，電子は均一な電場中を運動すると見なすことができる．緩和時間が $\tau = 1-10\,[\mathrm{fs}]$, Fermi 面での電子の速さが $v_\mathrm{F}\sim 10^8\,[\mathrm{cm/s}]$ とすれば，平均自由行程は $\varLambda = v_\mathrm{F}\tau = 1-10\,[\mathrm{nm}]$ と見積もられる．これは電磁波の波長よりも十分短い．よって，極めて品質のよい試料でかつ格子振動の影響を受けない低温でない限りは，電場の空間変動を考える必要はない．

問48　Hall 効果による物理量の推定【解答例】

(1) Drude モデルによると電子の運動方程式は，速度を $\boldsymbol{v}$ として，

$$m\frac{\mathrm{d}\boldsymbol{v}}{\mathrm{d}t} = -e(\boldsymbol{E} + \boldsymbol{v}\times\boldsymbol{B}) - \frac{m\boldsymbol{v}}{\tau}$$

第 6 章 金属・半導体中の自由電子【解答例】

と書ける．十分時間が経ち速度が一定となった場合，

$$\begin{pmatrix} \frac{1}{\tau} & \omega \\ -\omega & \frac{1}{\tau} \end{pmatrix} \begin{pmatrix} v_x \\ v_y \end{pmatrix} = -\frac{e}{m} \begin{pmatrix} E_x \\ E_y \end{pmatrix}$$

を得る．z 方向については $v_z = -e\tau E_z/m$ である．x, y の行列を $\bm{v}$ について解くと，

$$\begin{pmatrix} v_x \\ v_y \end{pmatrix} = -\frac{e}{m} \frac{\tau}{1+\omega^2\tau^2} \begin{pmatrix} 1 & -\omega\tau \\ \omega\tau & 1 \end{pmatrix} \begin{pmatrix} E_x \\ E_y \end{pmatrix}$$

を得る．条件 $\omega\tau \ll 1$ より，

$$\begin{pmatrix} v_x \\ v_y \end{pmatrix} = -\frac{e\tau}{m} \begin{pmatrix} 1 & -\omega\tau \\ \omega\tau & 1 \end{pmatrix} \begin{pmatrix} E_x \\ E_y \end{pmatrix}$$

となる．

(2) 設問 (1) で得られた式を $\omega = 0$ とすればよい．これにより易動度 μ は以下となる．

$$\mu = -\frac{e\tau}{m}$$

(3) 電流密度は $\bm{j} = -ne\bm{v}$ で定義されるため，電子の散乱時間を τ_e，サイクロトロン角振動数を ω_e として以下を得る．

$$\begin{pmatrix} j_x \\ j_y \end{pmatrix} = -ne\mu_e \begin{pmatrix} 1 & -\omega_e\tau_e \\ \omega_e\tau_e & 1 \end{pmatrix} \begin{pmatrix} E_x \\ E_y \end{pmatrix}$$

ホールの場合電荷の符号が逆転し，ホールの緩和時間を τ_h，サイクロトロン角振動数は ω_h とすると，

$$\begin{pmatrix} j_x \\ j_y \end{pmatrix} = pe\mu_h \begin{pmatrix} 1 & \omega_h\tau_h \\ -\omega_h\tau_h & 1 \end{pmatrix} \begin{pmatrix} E_x \\ E_y \end{pmatrix}$$

となる．電子とホールがキャリアとして存在する場合，上記の式を合わせたものが電流密度となるため，電気伝導率テンソル $\bm{\sigma}$ は，

$$\bm{\sigma} = \begin{pmatrix} \sigma_{xx} & \sigma_{xy} \\ \sigma_{yx} & \sigma_{yy} \end{pmatrix} = \begin{pmatrix} e(-n\mu_e + p\mu_h) & e(\omega_e\tau_e n\mu_e + \omega_h\tau_h p\mu_h) \\ -e(\omega_e\tau_e n\mu_e + \omega_h\tau_h p\mu_h) & e(-n\mu_e + p\mu_h) \end{pmatrix}$$

と得られる．$\sigma_{xy} = -\sigma_{yx}$ となる．

(4) 電流の式を電場について解くと，

$$\begin{pmatrix} E_x \\ E_y \end{pmatrix} = \frac{1}{\sigma_{xx}^2 + \sigma_{xy}^2} \begin{pmatrix} \sigma_{xx} & -\sigma_{xy} \\ \sigma_{xy} & \sigma_{yy} \end{pmatrix} \begin{pmatrix} j_x \\ j_y \end{pmatrix}$$

を得る．電流が x 方向に流れているとすると $j_y = 0$ なので，

$$E_y = \frac{\sigma_{xy}}{\sigma_{xx}^2 + \sigma_{xy}^2} j_x$$

弱磁場の極限 $B \to 0$ とし，$\tau_{e,h}$ と $\omega_{e,h}$ を消去すれば，

$$\frac{E_y}{j_x B} = \frac{-e(n\mu_e^2 - p\mu_h^2)}{\sigma_{xx}^2 + \sigma_{xy}^2} \to \frac{-e(n\mu_e^2 - p\mu_h^2)}{\sigma_{xx}^2} = \frac{p\mu_h^2 - n\mu_e^2}{e(p\mu_h - n\mu_e)^2}$$

したがって，Hall 係数は，

$$R_{\mathrm{H}} = \frac{p\mu_h^2 - n\mu_e^2}{e(p\mu_h - n\mu_e)^2}$$

となる．

問49 Drudeモデルにおける Hall効果【解答例】

(1) 長さ方向を x, 幅方向を y, 厚さ方向を z とする. Hall効果より, 長さ方向の電流密度 j_x, 磁束密度 $\boldsymbol{B} = (0, 0, B_z)$ を用いて Hall係数 R_H は,

$$R_H = \frac{E_y}{j_x B_z}$$

となることから, $E_y = V_y/w$ と x 方向の電流 $I_x = wd j_x$ から,

$$R_H = \frac{V_y d}{I_x B_z} = \frac{-0.55 \times 10^{-6} \times 0.1 \times 10^{-3}}{1 \times 1} = -5.5 \times 10^{-11} \ [\mathrm{m^3/C}]$$

(2) $R_H = -1/(ne)$ より,

$$n = -\frac{1}{eR_H} = \frac{1}{1.6 \times 10^{-19} \times 5.5 \times 10^{-11}} = 0.11 \times 10^{30} \ [\mathrm{m^{-3}}]$$

面心立方格子であるため, 格子定数 $a = 3.6 \times 10^{-10}$ [m] の立方体中に4個原子があるので, 銅1原子あたり電子を x 個出すとすると,

$$x = \frac{na^3}{4} = \frac{0.11 \times 10^{30} \times (3.6 \times 10^{-10})^3}{4} = 1.3$$

(3) 銅などの通常の金属よりも, 半導体のほうがキャリア密度が低い. よって, 半導体の方が Hall係数 R_H の絶対値が大きいため, 発生する Hall電圧もより大きく計測される. 例えば, 典型的な半導体である InAs の場合, Hall係数は -1.0×10^{-4} [$\mathrm{m^3/C}$] である. 結果, 汎用の電圧計でも磁場の強さを精度よく測定することができる.

問50 サイクロトロン共鳴を用いた電子の有効質量の測定法【解答例】

(1) 緩和時間 τ を考慮した場合の電子の運動方程式は,

$$m^* \left(\frac{\mathrm{d}\boldsymbol{v}}{\mathrm{d}t} + \frac{\boldsymbol{v}}{\tau} \right) = -q(\boldsymbol{E} + \boldsymbol{v} \times \boldsymbol{B})$$

となるので, 各方向成分に分けて書くと, 以下のようになる.

$$x\text{方向}: \quad m^* \left(\frac{\mathrm{d}v_x}{\mathrm{d}t} + \frac{v_x}{\tau} \right) = -q \left(\mathrm{Re}[A\mathrm{e}^{-\mathrm{i}\omega t}] + Bv_y \right)$$

$$y\text{方向}: \quad m^* \left(\frac{\mathrm{d}v_y}{\mathrm{d}t} + \frac{v_y}{\tau} \right) = -q \left(\mathrm{Re}[\mathrm{i}A\mathrm{e}^{-\mathrm{i}\omega t}] - Bv_x \right)$$

$$z\text{方向}: \quad m^* \left(\frac{\mathrm{d}v_z}{\mathrm{d}t} + \frac{v_z}{\tau} \right) = 0$$

(2) $v_x = \mathrm{Re}[\tilde{v}_x \mathrm{e}^{-\mathrm{i}\omega t}]$, $v_y = \mathrm{Re}[\tilde{v}_y \mathrm{e}^{-\mathrm{i}\omega t}]$ とおくと,

$$\begin{pmatrix} -\mathrm{i}\omega + \frac{1}{\tau} & \frac{qB}{m^*} \\ -\frac{qB}{m^*} & -\mathrm{i}\omega + \frac{1}{\tau} \end{pmatrix} \begin{pmatrix} \tilde{v}_x \\ \tilde{v}_y \end{pmatrix} = -\frac{qA}{m^*} \begin{pmatrix} 1 \\ \mathrm{i} \end{pmatrix}$$

第 6 章 金属・半導体中の自由電子【解答例】

となり, 次のように解が得られる.

$$\tilde{v}_x = -\frac{qA}{m^*}\frac{-\mathrm{i}\left(\omega + \frac{qB}{m^*}\right) + \frac{1}{\tau}}{\left(-\mathrm{i}\omega + \frac{1}{\tau}\right)^2 + \left(\frac{qB}{m^*}\right)^2}$$

$$\tilde{v}_y = -\mathrm{i}\frac{qA}{m^*}\frac{-\mathrm{i}\left(\omega + \frac{qB}{m^*}\right) + \frac{1}{\tau}}{\left(-\mathrm{i}\omega + \frac{1}{\tau}\right)^2 + \left(\frac{qB}{m^*}\right)^2}$$

x 方向の電流密度 $j_x = \mathrm{Re}[\tilde{j}_x \mathrm{e}^{-\mathrm{i}\omega t}]$ を与える複素振幅 $\tilde{j}_x$ は,

$$\tilde{j}_x = -qn\tilde{v}_x = \frac{q^2 nA}{m^*}\frac{-\mathrm{i}\left(\omega + \frac{qB}{m^*}\right) + \frac{1}{\tau}}{\left(-\mathrm{i}\omega + \frac{1}{\tau}\right)^2 + \left(\frac{qB}{m^*}\right)^2} = \frac{q^2 n}{m^*}\frac{1}{-\mathrm{i}\left(\omega - \frac{qB}{m^*}\right) + \frac{1}{\tau}}A$$

であるので, 複素伝導率 σ は,

$$\sigma = \frac{\tilde{j}_x}{A} = \frac{q^2 n}{m^*}\frac{1}{-\mathrm{i}\left(\omega - \frac{qB}{m^*}\right) + \frac{1}{\tau}}$$

となる. また, その実部 $\mathrm{Re}[\sigma]$ は,

$$\mathrm{Re}[\sigma] = \frac{q^2 n}{m^* \tau}\frac{1}{\left(\omega - \frac{qB}{m^*}\right)^2 + \frac{1}{\tau^2}}$$

で与えられるため, 極大値を与える角振動数 ω_c は,

$$\omega_c = \frac{qB}{m^*}$$

となる. これをサイクロトロン角振動数と呼ぶ.

(3) 最大振幅の共鳴が観測されたのが, 磁束密度 $B = 8.6 \times 10^{-2}$ [T] に対して 2.4×10^{10} [Hz] の電磁波を照射した場合ならば, 角振動数が

$$\omega = 2\pi \times 2.4 \times 10^{10} = 1.5 \times 10^{11} \text{ [rad/s]}$$

に対して,

$$\omega_c = \frac{qB}{m^*} = \frac{1.37 \times 10^{-20} \text{ [kg]}}{m^*} \text{ [rad/s]}$$

$\omega = \omega_c$ より, 電子の有効質量は,

$$m^* = \frac{1.37 \times 10^{-20}}{1.5 \times 10^{11}} = 9.1 \times 10^{-32} \text{ [kg]} \sim 0.10 \times m_e$$

ところで, サイクロトロン角振動数 $\omega = \omega_c$ は, 電子とホールで符号が異なることから, 磁束密度の振動数を変化させて測定した時に, 磁束密度のどちらの向きで $\mathrm{Re}[\sigma]$ に極大値を持つかで, 電子とホールの区別をすることもできる.

問 51　エントロピーと Seebeck 効果【解答例】

(1) $d_{z^2}, d_{x^2-y^2}$ 軌道は配位子である酸素原子の方向へ伸びているため, Coulomb 相互作用で損をする. 一方, d_{yz}, d_{zx}, d_{xy} 軌道は酸素原子の方向に軌道が広がっておらず, Coulomb 相互作用で損をしない. よって, 5 つに縮退していた $3d$ 軌道は $d_{z^2}, d_{x^2-y^2}$ と d_{yz}, d_{zx}, d_{xy} とに分裂する.

(2) Co^{3+} は $(3d)^6$ なので, $w_3 = 1$ 通り. Co^{4+} は $(3d)^5$ なので, $w_4 = 6$ 通り.

(3) N_A 個のサイトから N 個のサイトを選ぶ場合の数は,

$$\frac{N_A!}{N!(N_A-N)!}$$

であるから, 求める場合の数 w は,

$$w = w_3^{N_A-N} w_4^N \frac{N_A!}{N!(N_A-N)!}$$

Boltzmann の関係式 $s = k_B \ln w$ より,

$$s = k_B [(N_A - N)\ln w_3 + N \ln w_4 + \ln N_A! - \ln N! - \ln(N_A - N)!]$$
$$\approx k_B \{(N_A - N)\ln w_3 + N \ln w_4 + N_A[\ln N_A - 1] - N[\ln N - 1]$$
$$\quad - (N_A - N)[\ln(N_A - N) - 1]\}$$
$$= k_B [(N_A - N)\ln w_3 + N \ln w_4 + N_A \ln N_A - N \ln N - (N_A - N)\ln(N_A - N)]$$

(4) Seebeck 係数 S は,

$$S \approx \frac{1}{e}\frac{\partial s}{\partial N} = \frac{k_B}{e}[-\ln w_3 + \ln w_4 - \ln N + \ln(N_A - N)] = \frac{k_B}{e}\left(\ln \frac{w_4}{w_3} + \ln \frac{N_A - N}{N}\right)$$

Co の平均価数が 3.5 価の場合, $N = N_A/2$ であるから,

$$S \approx \frac{k_B}{e}\ln \frac{w_4}{w_3} = \frac{k_B}{e}\ln 6$$

Seebeck 係数 S は, 異なる価数状態における場合の数の比率が大きいほど増大する.

第7章 電子のエネルギーバンド【解答例】

問52 物質中の多体問題とその近似【解答例】

(1) 電子の運動エネルギーは $\hbar^2/(2m_e a_B{}^2)$ と概算できる.これとポテンシャルエネルギー $ka_B{}^2/2$ がほぼ等しいため,バネ定数は以下のように求められる.

$$k \sim \frac{\hbar^2}{m_e a_B{}^4}$$

(2) 原子核も同様に,質量を M とすると,原子核の運動エネルギー $\hbar^2/(2Ma_n{}^2)$ とポテンシャルエネルギー $ka_n{}^2/2$ がほぼ等しいと考え,

$$k \sim \frac{\hbar^2}{M a_n{}^4}$$

(3) (1) と (2) から k を削除して,$\hbar^2/(m_e a_B{}^4) \sim \hbar^2/(M a_n{}^4)$ より,

$$a_n \sim \left(\frac{m_e}{M}\right)^{\frac{1}{4}} a_B$$

これに ^{1}H の場合の値を代入すると,

$$a_n \sim \left(\frac{9.11 \times 10^{-31}}{1.66 \times 10^{-27}}\right)^{\frac{1}{4}} a_B \sim 0.153 a_B$$

となる.この 2 乗をとると $(a_n/a_B)^2 = 0.023$ となり,原子核の振動エネルギーは電子のエネルギーと比較して非常に小さいことがわかる.

問53 Bloch の定理【解答例】

(1) ハミルトニアンは

$$\hat{\mathcal{H}} = -\frac{\hbar^2 \nabla^2}{2m} + V(\bm{r})$$

と表されることから,独立した 1 電子の Schrödinger 方程式は以下のように書かれる.

$$\hat{\mathcal{H}}\psi(\bm{r}) = \left[-\frac{\hbar^2 \nabla^2}{2m} + V(\bm{r})\right]\psi(\bm{r}) = E\psi(\bm{r})$$

(2) V, ψ を Fourier 級数展開すると,それぞれ $V(\bm{r}+\bm{r}_n) = V(\bm{r})$,$\psi(\bm{r}+L\bm{e}_i) = \psi(\bm{r})$ (L は結晶を立方体と考えた際の 1 辺の長さ,$\bm{e}_i$ ($i=x,y,z$) は各結晶軸方向の単位ベクトル) とすると,

$$V(\bm{r}) = \sum_{\bm{G}} V_{\bm{G}} e^{i\bm{G}\cdot\bm{r}}$$

$$\psi(\bm{r}) = \sum_{\bm{k}} C_{\bm{k}} e^{i\bm{k}\cdot\bm{r}}$$

を得る.ここで $\bm{G}$ は逆格子ベクトル,$\bm{k} = 2\pi(i\bm{e}_x + j\bm{e}_y + k\bm{e}_z)/L$ であり,i, j, k は整数である.

(3) $V(\boldsymbol{r}), \psi(\boldsymbol{r})$ を Fourier 級数展開し Schrödinger 方程式に代入し,一部変数変換を行うと,

$$\sum_{\boldsymbol{k}} e^{i\boldsymbol{k}\cdot\boldsymbol{r}} \left[\left(\frac{\hbar^2 |\boldsymbol{k}|^2}{2m} - E \right) C_{\boldsymbol{k}} + \sum_{\boldsymbol{G}} V_{\boldsymbol{G}} C_{\boldsymbol{k}-\boldsymbol{G}} \right] = 0$$

$e^{i\boldsymbol{k}\cdot\boldsymbol{r}}$ が正規直交系であるため, $[\cdots]$ は恒等的にゼロでなくてはならない. すなわち,

$$\left(\frac{\hbar^2 |\boldsymbol{k}|^2}{2m} - E \right) C_{\boldsymbol{k}} + \sum_{\boldsymbol{G}} V_{\boldsymbol{G}} C_{\boldsymbol{k}-\boldsymbol{G}} = 0$$

が波数表記において満たすべき Schrödinger 方程式となる.

(4) (3) で得たように,波数 $\boldsymbol{k}$ の Schrödinger 方程式の固有関数は,

$$\psi_{\boldsymbol{k}}(\boldsymbol{r}) = \sum_{\boldsymbol{G}} C_{\boldsymbol{k}-\boldsymbol{G}} e^{i(\boldsymbol{k}-\boldsymbol{G})\cdot\boldsymbol{r}}$$

と書くことができる. ((3) の答えからわかるように, $\psi_{\boldsymbol{k}}(\boldsymbol{r})$ は波数 $\boldsymbol{k}$ と波数が $\boldsymbol{k}$ から逆格子ベクトル $\boldsymbol{G}$ だけずれた平面波の重ね合わせで表される). これを以下のように書き直す.

$$\psi_{\boldsymbol{k}}(\boldsymbol{r}) = \left(\sum_{\boldsymbol{G}} C_{\boldsymbol{k}-\boldsymbol{G}} e^{-i\boldsymbol{G}\cdot\boldsymbol{r}} \right) e^{i\boldsymbol{k}\cdot\boldsymbol{r}} = u_{\boldsymbol{k}}(\boldsymbol{r}) e^{i\boldsymbol{k}\cdot\boldsymbol{r}}$$

ここで, $u_{\boldsymbol{k}}(\boldsymbol{r}) = \sum_{\boldsymbol{G}} C_{\boldsymbol{k}-\boldsymbol{G}} e^{-i\boldsymbol{G}\cdot\boldsymbol{r}}$ である. ここで定義した $u_{\boldsymbol{k}}(\boldsymbol{r})$ は,問題冒頭の Bloch 関数の条件を満たす. 実際に確かめてみると,

$$u_{\boldsymbol{k}}(\boldsymbol{r}+\boldsymbol{r}_n) = \sum_{\boldsymbol{G}} C_{\boldsymbol{k}-\boldsymbol{G}} e^{-i\boldsymbol{G}\cdot(\boldsymbol{r}+\boldsymbol{r}_n)} = \sum_{\boldsymbol{G}} C_{\boldsymbol{k}-\boldsymbol{G}} e^{-i\boldsymbol{G}\cdot\boldsymbol{r}} e^{-i\boldsymbol{G}\cdot\boldsymbol{r}_n} = u_{\boldsymbol{k}}(\boldsymbol{r})$$

となることがわかる. ここで, 逆格子ベクトルと基本並進ベクトルの関係式 $\boldsymbol{r}_n \cdot \boldsymbol{G} = 2\pi m$ (m は整数) を用いた.

問54 Kronig–Penney ポテンシャル中の電子の運動【解答例】

(1) $-a < x < 0$ の範囲においてポテンシャルは 0 であるから, 波動関数 $\phi(x)$ のエネルギー E を与える Schrödinger 方程式は以下のように書ける.

$$-\frac{\hbar^2}{2m} \frac{d^2}{dx^2} \phi(x) = E\phi(x)$$

$$\phi(x) = A e^{iqx} + B e^{-iqx}$$

ここで, A, B は定数であり, $q = \sqrt{2mE}/\hbar$. Bloch の定理より, 電子の波数を k とすると,

$$\phi(x) = e^{ika} \phi(x-a)$$

がいえるから, $0 < x < a$ における波動関数は以下のように表せる.

$$\phi(x) = A e^{ika} e^{iq(x-a)} + B e^{ika} e^{-iq(x-a)}$$

ここで, $x = 0$ における波動関数とその一階微分が連続するという境界条件を適用する.

$$A + B = A e^{ika} e^{-iqa} + B e^{ika} e^{iqa}$$

$$(iqA e^{ika} e^{-iqa} - iqB e^{ika} e^{iqa}) - (iqA - iqB) = \frac{2mV_0}{\hbar^2}(A+B)$$

第7章 電子のエネルギーバンド【解答例】

行列で書くと,

$$\begin{pmatrix} 1 - e^{ika}e^{-iqa} & 1 - e^{ika}e^{iqa} \\ e^{ika}e^{-iqa} - 1 - K & 1 - e^{ika}e^{iqa} - K \end{pmatrix} \begin{pmatrix} A \\ B \end{pmatrix} = 0$$

ただし, $K \equiv 2mV_0/(iq\hbar^2)$ である. A, B が非自明解を持つためには係数行列式が 0 となる必要があるので,

$$(1 - e^{ika}e^{-iqa})(1 - e^{ika}e^{iqa} - K) - (e^{ika}e^{-iqa} - 1 - K)(1 - e^{ika}e^{iqa}) = 0$$

よって, $P \equiv mV_0a/\hbar^2 = iqa/2K$ とおいて, 以下のようにエネルギー固有値を与える方程式が導ける.

$$P\frac{\sin(qa)}{qa} + \cos(qa) = \cos(ka) \tag{7A.1}$$

(2) 式 (7A.1) の左辺を $F(qa)$ とおく. $F(0) = P+1, F(\pi) = -1, F(2\pi) = 1, \ldots$ であり, $P > 0$ であるから, 関数 $F(qa)$ は図 7A.1 のグラフのような形となる.

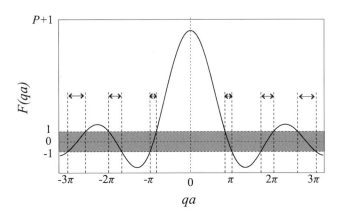
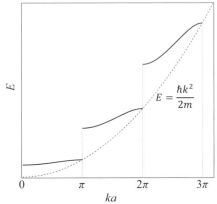

図 7A.1: 関数 $F(qa)$ の概形 (実線).

図 7A.2: エネルギー分散の略図 (実線). 破線は自由電子の分散関係.

一方, 式 (7A.1) の右辺は $-1 \leq \cos(ka) \leq 1$ であるから, $-1 \leq F(qa) \leq 1$ でないと 式 (7A.1) の等式を満たさない. これは図 7A.1 の灰色の範囲に相当するので, qa の値は図 7A.1 の両矢印の範囲のみが許される. よって, エネルギー $E \,(= \hbar^2 q^2/2m)$ も一部の値のみが許される. これにより, エネルギーギャップが生じる. なお, ka が π の自然数倍のときは, 式 (7A.1) と図 7A.1 から $qa = ka$ となるので, このときのみエネルギーは自由電子の分散関係 $E = \hbar^2 k^2/2m$ を満たす. よって, 解答は, 図 7A.2 のようになる.

(3) $V_0 \to \infty$ のとき

前問で述べたように, 式 (7A.1) の等式を満たすためには $-1 \leq F(qa) \leq 1$ である必要がある. よって, $V_0 \to \infty$ すなわち $P \to \infty$ のときには $qa = n\pi$ を満たす q 以外は等式を満たさない. このとき, エネルギーは以下のようになる.

$$E = \frac{\hbar^2 q^2}{2m} = \frac{\hbar^2 \pi^2}{2ma^2}n^2$$

電子は無限の高さのポテンシャルに閉じ込められ, 井戸型ポテンシャル問題に帰着される. よって, エネルギーは離散的な値になる.

$V_0 \to 0$ のとき

$P \to 0$ であるので, 式 (7A.1) の方程式は以下のように書き換えられる.

$$\cos qa = \cos ka$$

よって, $q = k$ となるので, エネルギーは以下のように連続的な値をとる.

$$E = \frac{\hbar^2 q^2}{2m} = \frac{\hbar^2 k^2}{2m}$$

ポテンシャルが全くない空間を電子が運動するため, 自由電子の問題に帰着される. よって, エネルギーは自由電子の分散関係を満たす.

問55　2次元正方格子における強束縛近似【解答例】

(1) 2次元正方格子の基本並進ベクトルを $\boldsymbol{a}_1, \boldsymbol{a}_2$ とおいたとき, 座標を用いてベクトル表示すると以下のようになる.

$$\boldsymbol{a}_1 = a\,(1,\ 0,\ 0)$$
$$\boldsymbol{a}_2 = a\,(0,\ 1,\ 0)$$

逆格子の基本ベクトル $\boldsymbol{b}_1, \boldsymbol{b}_2$ を定義にしたがって計算する. z 軸方向の単位ベクトル $\boldsymbol{n}$ を用いると,

$$\boldsymbol{b}_1 = 2\pi \frac{\boldsymbol{a}_2 \times \boldsymbol{n}}{|\boldsymbol{a}_1 \times \boldsymbol{a}_2|} = \frac{2\pi}{a^2} a\,(0,\ 1,\ 0) \times (0,\ 0,\ 1) = \frac{2\pi}{a}\,(1,\ 0,\ 0)$$
$$\boldsymbol{b}_2 = 2\pi \frac{\boldsymbol{n} \times \boldsymbol{a}_1}{|\boldsymbol{a}_1 \times \boldsymbol{a}_2|} = \frac{2\pi}{a^2} a\,(0,\ 0,\ 1) \times (1,\ 0,\ 0) = \frac{2\pi}{a}\,(0,\ 1,\ 0)$$

これらを線形結合したベクトルの垂直2等分線で囲まれた最小の領域が第1 Brillouin 領域となる. 図示すれば図 7A.3 のようになる.

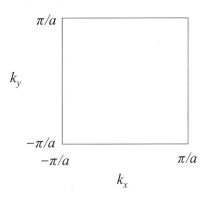

図 7A.3: 2次元正方格子の第1 Brillouin 領域

(2) Schrödinger 方程式を用いてエネルギー E_k を求める. 最隣接サイト間の積分値のみを考えればよい.

$$\begin{aligned}
E_k &= \int \psi_{\boldsymbol{k}}^*(\boldsymbol{r})\hat{\mathcal{H}}\psi_{\boldsymbol{k}}(\boldsymbol{r})\mathrm{d}\boldsymbol{r} \\
&= \frac{1}{N}\sum_{i,j} \mathrm{e}^{\mathrm{i}\boldsymbol{k}\cdot(\boldsymbol{r}_j - \boldsymbol{r}_i)} \int \phi^*(\boldsymbol{r} - \boldsymbol{r}_i)\hat{\mathcal{H}}\phi(\boldsymbol{r} - \boldsymbol{r}_j)\mathrm{d}\boldsymbol{r} \\
&= -t(\mathrm{e}^{\mathrm{i}k_x a} + \mathrm{e}^{-\mathrm{i}k_x a}) - t(\mathrm{e}^{\mathrm{i}k_y a} + \mathrm{e}^{-\mathrm{i}k_y a}) \\
&= -2t[\cos(k_x a) + \cos(k_y a)]
\end{aligned} \tag{7A.2}$$

(3) 式 (7A.2) のエネルギーを第 1 Brillouin 領域内の全ての波数 ($-\pi/a \leq k_x < \pi/a$, $-\pi/a \leq k_y < \pi/a$) で積分することを考える. このとき, 系全体のエネルギーは,

$$E = \int_{-\pi/a}^{\pi/a} \int_{-\pi/a}^{\pi/a} E_k \, dk_x dk_y \frac{Na^2}{(2\pi)^2}$$
$$= -2t \left[\int_{-\pi/a}^{\pi/a} \cos(k_x a) \, dk_x \int_{-\pi/a}^{\pi/a} dk_y + \int_{-\pi/a}^{\pi/a} dk_x \int_{-\pi/a}^{\pi/a} \cos(k_y a) \, dk_y \right] \frac{Na^2}{(2\pi)^2}$$
$$= 0$$

となるため, 系全体でのエネルギーの平均値は 0 となる. よって, この場合エネルギーバンドに半分の電子が詰まっているとき, Fermi 準位は 0 となる. エネルギーが 0 となる波数 (Fermi 面) は, 式 (7A.2) の左辺に 0 を代入して, $\cos(k_x a) = -\cos(k_y a)$ の等式を満たす波数であり, ここから,

$$k_x = k_y \pm \frac{\pi}{a}, \quad k_x = -k_y \pm \frac{\pi}{a}$$

が導ける. ゆえに, Fermi 面は図 7A.4 のようにこれらの直線で囲まれた面であり, (7A.2) 式より波数の小さい領域でエネルギーが小さくなることから電子は Fermi 面の内側に占有する.

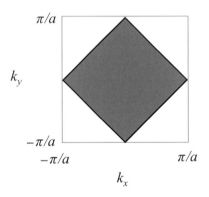

図 7A.4: 2 次元正方格子の第 1 Brillouin 領域 (灰色線) 内に描いた Fermi 面 (黒線). 電子は灰色の領域を占有する.

(4) 電子数が減少した場合, Fermi 準位が下がり図 7A.4 の灰色で示した面積が小さくなる. よって, Fermi 面の概形は図の灰色部より小さく閉じた形となる. これにより Fermi 面の大きさから電子数を概算することができる.

(5) $ka \ll 1$ においては $\cos(k_x a) \approx 1$, $\cos(k_y a) \approx 1$ と近似できる. これを利用してそれぞれの方向の有効質量 m_x, m_y を求める.

$$m_x = \frac{\hbar^2}{\partial^2 E_k / \partial k_x^2} = \frac{\hbar^2}{2ta^2 \cos(k_x a)} \approx \frac{\hbar^2}{2ta^2}$$
$$m_y = \frac{\hbar^2}{\partial^2 E_k / \partial k_y^2} = \frac{\hbar^2}{2ta^2 \cos(k_y a)} \approx \frac{\hbar^2}{2ta^2}$$

続いてバンド幅を求めるために, 式 (7A.2) のエネルギーの最大値と最小値を求める. 最小値をとるのは $k_x = k_y = 0$ のときで $E_k = -4t$, 最大値をとるのは $k_x = k_y = \pm\pi/a$ のときで $E_k = 4t$ となる. よって, バンド幅を w とおくと,

$$w = E_k|_{k_x = k_y = \pm\pi/a} - E_k|_{k_x = k_y = 0} = 8t$$

ゆえに, 有効質量は t に反比例し, バンド幅は t に比例するため, バンド幅が大きくなると電子の有効質量は小さくなる.

問56 蜂の巣格子におけるエネルギーバンド【解答例】

(1) 波数表示の演算子を用いて，ハミルトニアンは以下のように書き換わる．

$$\mathcal{H} = \sum_{\boldsymbol{k}} t\left(c_{\boldsymbol{k},2}^\dagger c_{\boldsymbol{k},1} + \mathrm{e}^{-\mathrm{i}\boldsymbol{k}\cdot\boldsymbol{r}_1} c_{\boldsymbol{k},2}^\dagger c_{\boldsymbol{k},1} + \mathrm{e}^{-\mathrm{i}\boldsymbol{k}\cdot\boldsymbol{r}_2} c_{\boldsymbol{k},2}^\dagger c_{\boldsymbol{k},1} + \mathrm{H.c.}\right)$$

(2) (1) を 2 次形式の行列表記に書き直すと，以下を得る．

$$\mathcal{H} = \sum_{\boldsymbol{k}} \begin{pmatrix} c_{\boldsymbol{k},1}^\dagger, & c_{\boldsymbol{k},2}^\dagger \end{pmatrix} \begin{pmatrix} 0 & t\left(1 + \mathrm{e}^{\mathrm{i}\boldsymbol{k}\cdot\boldsymbol{r}_1} + \mathrm{e}^{\mathrm{i}\boldsymbol{k}\cdot\boldsymbol{r}_2}\right) \\ t\left(1 + \mathrm{e}^{-\mathrm{i}\boldsymbol{k}\cdot\boldsymbol{r}_1} + \mathrm{e}^{-\mathrm{i}\boldsymbol{k}\cdot\boldsymbol{r}_2}\right) & 0 \end{pmatrix} \begin{pmatrix} c_{\boldsymbol{k},1} \\ c_{\boldsymbol{k},2} \end{pmatrix}$$

(3) 対角化を行うことで，エネルギー固有値 $E_1(\boldsymbol{k}), E_2(\boldsymbol{k})$ は，

$$E_n(\boldsymbol{k}) = (-1)^n t \sqrt{3 + 2\cos(\boldsymbol{k}\cdot\boldsymbol{r}_1) + 2\cos(\boldsymbol{k}\cdot\boldsymbol{r}_2) + 2\cos[\boldsymbol{k}\cdot(\boldsymbol{r}_1 - \boldsymbol{r}_2)]}$$

となる．$E_{1,\boldsymbol{k}}$ と $E_{2,\boldsymbol{k}}$ をプロットすると図 7A.5(a) なり，ある 1 点で 2 つのバンドが線形に交差する．これをエネルギーの等高線でプロットしたものが図 7A.5(b) となる．エネルギーが 0 となる波数が 2 つのバンドが交わる点になるが，第 1 Brillouin 域の K 点がそれに対応することがわかる．

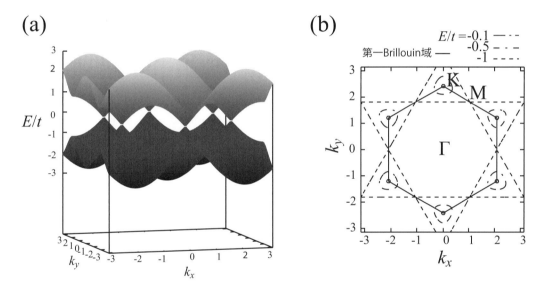

図 7A.5: $a=1$ としたときの (a) 分散関係と (b) 等エネルギー面

$d_{\boldsymbol{k},n} = (c_{\boldsymbol{k},1} + (-1)^n c_{\boldsymbol{k},2})/\sqrt{2}$ を用いるとハミルトニアンを，

$$\mathcal{H} = \sum_{\boldsymbol{k}} E_1(\boldsymbol{k}) d_{\boldsymbol{k},1}^\dagger d_{\boldsymbol{k},1} + E_2(\boldsymbol{k}) d_{\boldsymbol{k},2}^\dagger d_{\boldsymbol{k},2}$$

と書き換えることができる．このとき $d_{\boldsymbol{k},n}^\dagger d_{\boldsymbol{k},n}$ は数演算子と呼ばれ，$(\boldsymbol{k}, n)$ の状態にある電子の数を表す演算子となる．対角化を行うことによりハミルトニアンは数演算子を用いて表され，その数演算子にかかる E_n はエネルギーバンドを表す．

補足として，本問題では 2 つの原子の内部座標を特に考慮しなかったが，内部座標を露わに考えることもできる．i 番目の単位格子にある原子 $n=1,2$ の座標を $\boldsymbol{r}_{n,i} = \boldsymbol{r}_i + \boldsymbol{r}'_n$ とするとき（例えば $\boldsymbol{r}'_1 = (0,0), \boldsymbol{r}'_2 = (a,0)$），ユニタリ行列 $U_{ij} = \mathrm{e}^{\mathrm{i}\boldsymbol{k}\cdot\boldsymbol{r}'_i}\delta_{ij}$ $(i,j=1,2)$ を定義すると，

$$\mathcal{H} = \begin{pmatrix} c_{\boldsymbol{k},1}^\dagger, & c_{\boldsymbol{k},2}^\dagger \end{pmatrix} U^\dagger \begin{pmatrix} 0 & t\left(1 + \mathrm{e}^{\mathrm{i}\boldsymbol{k}\cdot\boldsymbol{r}_1} + \mathrm{e}^{\mathrm{i}\boldsymbol{k}\cdot\boldsymbol{r}_2}\right) \\ t\left(1 + \mathrm{e}^{-\mathrm{i}\boldsymbol{k}\cdot\boldsymbol{r}_1} + \mathrm{e}^{-\mathrm{i}\boldsymbol{k}\cdot\boldsymbol{r}_2}\right) & 0 \end{pmatrix} U \begin{pmatrix} c_{\boldsymbol{k},1} \\ c_{\boldsymbol{k},2} \end{pmatrix}$$

となるため，固有エネルギーは変わらない．

第7章 電子のエネルギーバンド【解答例】

問57　kp 摂動に基づくエネルギーバンド【解答例】

(1) Schrödinger 方程式,

$$-\frac{\hbar^2}{2m}\boldsymbol{\nabla}^2\psi(\boldsymbol{r}) + V(\boldsymbol{r})\psi(\boldsymbol{r}) = E\psi(\boldsymbol{r})$$

に対して $\psi(\boldsymbol{r}) = u_0(\boldsymbol{r})\mathrm{e}^{\mathrm{i}\boldsymbol{k}\cdot\boldsymbol{r}}$ を代入すると,

$$\frac{\hbar^2 k^2}{2m}u_0(\boldsymbol{r}) - \frac{\hbar^2}{2m}\boldsymbol{\nabla}^2 u_0(\boldsymbol{r}) - \frac{\hbar^2}{m}\mathrm{i}\boldsymbol{k}\cdot\boldsymbol{\nabla} u_0(\boldsymbol{r}) + V(\boldsymbol{r})u_0(\boldsymbol{r}) = Eu_0(\boldsymbol{r})$$

また,

$$-\frac{\hbar^2}{2m}\boldsymbol{\nabla}^2 u_0(\boldsymbol{r}) + V(\boldsymbol{r})u_0(\boldsymbol{r}) = E_0 u_0(\boldsymbol{r})$$

なので,

$$\frac{\hbar^2 k^2}{2m}u_0(\boldsymbol{r}) - \frac{\hbar^2}{m}\mathrm{i}\boldsymbol{k}\cdot\boldsymbol{\nabla} u_0(\boldsymbol{r}) + E_0 u_0(\boldsymbol{r}) = Eu_0(\boldsymbol{r})$$

となる. 最後に運動量演算子を用いて,

$$\frac{\hbar^2 k^2}{2m}u_0(\boldsymbol{r}) + \frac{\hbar}{m}\boldsymbol{k}\cdot\hat{\boldsymbol{p}} u_0(\boldsymbol{r}) + E_0 u_0(\boldsymbol{r}) = Eu_0(\boldsymbol{r})$$

と表せる.

(2) 永年方程式の行列式 $|A|$ の各要素は非摂動項の固有関数 u_s, u_x, u_y, u_z を用いることで,

$$A_{ij} = \frac{\hbar}{m}\int u_i^*(\boldsymbol{r})\left(\boldsymbol{k}\cdot\hat{\boldsymbol{p}}\right)u_j(\boldsymbol{r})\,\mathrm{d}^3\boldsymbol{r} + \delta_{ij}(E_{0,i} - \lambda)$$

と表せる. ここで $(1,2,3,4) = (s,x,y,z)$ という対応を与え, $E_{0,1} = E_c$, $E_{0,2} = E_{0,3} = E_{0,4} = E_v$ である. 各要素の積分は空間全域に対して対称に行われるため, 被積分関数が奇関数の場合にゼロとなる. ゆえに行列式は,

$$|A| = \begin{vmatrix} E_c - \lambda & Pk_x & Pk_y & Pk_z \\ P^*k_x & E_v - \lambda & 0 & 0 \\ P^*k_y & 0 & E_v - \lambda & 0 \\ P^*k_z & 0 & 0 & E_v - \lambda \end{vmatrix}$$

となり, $|A| = 0$ が永年方程式となる.

(3) 永年方程式より $E_n(\boldsymbol{k})$ に対する方程式を解くと,

$$E_1(\boldsymbol{k}) = \frac{1}{2}(E_c + E_v) + \frac{\hbar^2 k^2}{2m} + \sqrt{\frac{1}{4}(E_c - E_v)^2 + k^2|P^2|}$$

$$E_2(\boldsymbol{k}) = \frac{1}{2}(E_c + E_v) + \frac{\hbar^2 k^2}{2m} - \sqrt{\frac{1}{4}(E_c - E_v)^2 + k^2|P^2|}$$

$$E_{3,4}(\boldsymbol{k}) = E_v + \frac{\hbar^2 k^2}{2m}$$

が得られる. 指数 1 のバンドが伝導帯に対応し, 指数 2, 3, 4 のバンドが価電子帯に対応している. ただし 3, 4 は 2 重に縮退している.

問58　正八面体型結晶場によるd軌道のエネルギー分裂【解答例】

(1) 正八面体型結晶場の場合には a を定数として, $(\pm a, 0, 0), (0, \pm a, 0), (0, 0, \pm a)$ の位置に電荷 e が存在すると考える. まずはそれぞれの電荷によるポテンシャルを考える. $(\pm a, 0, 0)$ の電荷によるポテンシャルを $V_{x\pm}(\mathbf{r})$ とおくと, 電子の存在領域 $(\sim r)$ に比べて隣のイオン位置 (a) は十分遠いため, Taylor 展開を用いて 4 次まで展開すると,

$$\begin{aligned}
V_{x\pm}(\mathbf{r}) &= \frac{e}{4\pi\epsilon_0} \frac{1}{\sqrt{(x\pm a)^2 + y^2 + z^2}} \\
&= \frac{e}{4\pi\epsilon_0 a}\left(1 \pm 2\frac{x}{a} + \frac{r^2}{a^2}\right)^{-1/2} \\
&\cong \frac{e}{4\pi\epsilon_0 a}\Bigg[1 + \left(-\frac{1}{2}\right)\left(\pm 2\frac{x}{a} + \frac{r^2}{a^2}\right) + \frac{1}{2!}\left(-\frac{1}{2}\right)\left(-\frac{3}{2}\right)\left(\pm 2\frac{x}{a} + \frac{r^2}{a^2}\right)^2 \\
&\quad + \frac{1}{3!}\left(-\frac{1}{2}\right)\left(-\frac{3}{2}\right)\left(-\frac{5}{2}\right)\left(\pm 2\frac{x}{a} + \frac{r^2}{a^2}\right)^3 \\
&\quad + \frac{1}{4!}\left(-\frac{1}{2}\right)\left(-\frac{3}{2}\right)\left(-\frac{5}{2}\right)\left(-\frac{7}{2}\right)\left(\pm 2\frac{x}{a} + \frac{r^2}{a^2}\right)^4\Bigg] \\
&\cong \frac{e}{4\pi\epsilon_0 a}\Bigg\{1 \pm \frac{x}{a} - \frac{1}{2}\left(\frac{r}{a}\right)^2 + \frac{3}{8}\left[4\left(\frac{x}{a}\right)^2 \pm 4\frac{x}{a}\left(\frac{r}{a}\right)^2 + \left(\frac{r}{a}\right)^4\right] \\
&\quad - \frac{5}{16}\left[\pm 8\left(\frac{x}{a}\right)^3 + 12\left(\frac{x}{a}\right)^2\left(\frac{r}{a}\right)^2\right] + \frac{35}{8}\left(\frac{x}{a}\right)^4\Bigg\}
\end{aligned}$$

のように展開できる. ここで, ポテンシャルの総和を考えるため, 相殺される項があることを考えると, $(\pm a, 0, 0)$ の電荷によるポテンシャルの和 $V_x(\mathbf{r})$ は,

$$\begin{aligned}
V_x(\mathbf{r}) &= V_{x+}(\mathbf{r}) + V_{x-}(\mathbf{r}) \\
&= \frac{e}{2\pi\epsilon_0 a}\left\{1 - \frac{1}{2}\left(\frac{r}{a}\right)^2 + \frac{3}{8}\left[4\left(\frac{x}{a}\right)^2 + \left(\frac{r}{a}\right)^4\right] - \frac{15}{4}\left(\frac{x}{a}\right)^2\left(\frac{r}{a}\right)^2 + \frac{35}{8}\left(\frac{x}{a}\right)^4\right\}
\end{aligned}$$

となる. y 方向, z 方向についても同様であるから, 全てのポテンシャルの総和 $V(\mathbf{r})$ は以下のように計算できる.

$$\begin{aligned}
V(\mathbf{r}) &= \frac{e}{2\pi\epsilon_0 a}\left\{3 - \frac{3}{2}\left(\frac{r}{a}\right)^2 + \frac{3}{8}\left[4\left(\frac{r}{a}\right)^2 + 3\left(\frac{r}{a}\right)^4\right] - \frac{15}{4}\left(\frac{r}{a}\right)^4 + \frac{35}{8}\left[\left(\frac{x}{a}\right)^4 + \left(\frac{y}{a}\right)^4 + \left(\frac{z}{a}\right)^4\right]\right\} \\
&= \frac{35e}{16\pi\epsilon_0 a^5}\left(x^4 + y^4 + z^4 - \frac{3}{5}r^4 + \frac{24}{35}a^4\right)
\end{aligned}$$

ここで最終項の定数はエネルギーを一定値シフトさせるのみで, 結晶場によるエネルギー準位分裂には寄与しないので, 以降の議論では最終項を無視してよい. $35e/16\pi\epsilon_0 a^5 \equiv V_0$ とおいて, 摂動ハミルトニアン $\hat{\mathcal{H}}'$ を以下のように表せる.

$$\hat{\mathcal{H}}' = V_0\left(\hat{x}^4 + \hat{y}^4 + \hat{z}^4 - \frac{3}{5}\hat{r}^4\right)$$

(2) 摂動ハミルトニアンによる 1 次摂動のエネルギー変化 E を与える永年行列式を以下に記す.

$$\begin{vmatrix}
\langle u|\hat{\mathcal{H}}'|u\rangle - E & \langle u|\hat{\mathcal{H}}'|v\rangle & \langle u|\hat{\mathcal{H}}'|\xi\rangle & \langle u|\hat{\mathcal{H}}'|\eta\rangle & \langle u|\hat{\mathcal{H}}'|\zeta\rangle \\
\langle v|\hat{\mathcal{H}}'|u\rangle & \langle v|\hat{\mathcal{H}}'|v\rangle - E & \langle v|\hat{\mathcal{H}}'|\xi\rangle & \langle v|\hat{\mathcal{H}}'|\eta\rangle & \langle v|\hat{\mathcal{H}}'|\zeta\rangle \\
\langle \xi|\hat{\mathcal{H}}'|u\rangle & \langle \xi|\hat{\mathcal{H}}'|v\rangle & \langle \xi|\hat{\mathcal{H}}'|\xi\rangle - E & \langle \xi|\hat{\mathcal{H}}'|\eta\rangle & \langle \xi|\hat{\mathcal{H}}'|\zeta\rangle \\
\langle \eta|\hat{\mathcal{H}}'|u\rangle & \langle \eta|\hat{\mathcal{H}}'|v\rangle & \langle \eta|\hat{\mathcal{H}}'|\xi\rangle & \langle \eta|\hat{\mathcal{H}}'|\eta\rangle - E & \langle \eta|\hat{\mathcal{H}}'|\zeta\rangle \\
\langle \zeta|\hat{\mathcal{H}}'|u\rangle & \langle \zeta|\hat{\mathcal{H}}'|v\rangle & \langle \zeta|\hat{\mathcal{H}}'|\xi\rangle & \langle \zeta|\hat{\mathcal{H}}'|\eta\rangle & \langle \zeta|\hat{\mathcal{H}}'|\zeta\rangle - E
\end{vmatrix} = 0$$

(7A.3)

第 7 章 電子のエネルギーバンド【解答例】

(3) まず, 永年行列式の非対角項については, 以下の理由により積分結果は 0 となる (位置演算子の積の入れ換えは自由である).

- 以下の関係式が成り立つ.

$$\langle u|\hat{\mathcal{H}}'|v\rangle = \langle v|\hat{\mathcal{H}}'|u\rangle = \frac{V_0}{4\sqrt{3}}\int [f_{32}(r)]^2 (3z^2 - r^2)(x^2 - y^2)\left(x^4 + y^4 + z^4 - \frac{3}{5}r^4\right) \mathrm{d}^3 r$$

$$= \frac{V_0}{4\sqrt{3}}\left\{\int [f_{32}(r)]^2 x^2(3z^2 - r^2)\left(x^4 + y^4 + z^4 - \frac{3}{5}r^4\right) \mathrm{d}^3 r \right.$$

$$\left. - \int [f_{32}(r)]^2 y^2(3z^2 - r^2)\left(x^4 + y^4 + z^4 - \frac{3}{5}r^4\right) \mathrm{d}^3 r\right\}$$

ここで, 第 2 項の積分変数 x と y を入れ換えると第 1 項に等しくなるため, $\langle u|\hat{\mathcal{H}}'|v\rangle = \langle v|\hat{\mathcal{H}}'|u\rangle = 0$ がいえる.

- その他の非対角項は, 被積分関数が x または y または z の奇関数となる.

よって, 対角項の積分結果がそのままエネルギー固有値を与える. 対称性を用いた積分変数の入れ換えを行うと, 式 (7A.3) の行列要素は以下のように変形できる.

$$\langle u|\hat{\mathcal{H}}'|u\rangle = \frac{V_0}{12}\int [f_{32}(r)]^2 (3z^2 - r^2)^2\left(x^4 + y^4 + z^4 - \frac{3}{5}r^4\right) \mathrm{d}^3 r$$

$$= \frac{V_0}{12}\int [f_{32}(r)]^2 (4z^4 + x^4 + y^4 - 4z^2 x^2 + 2x^2 y^2 - 4y^2 z^2)\left(x^4 + y^4 + z^4 - \frac{3}{5}r^4\right) \mathrm{d}^3 r$$

$$= \frac{V_0}{2}\int [f_{32}(r)]^2 (z^4 - x^2 y^2)\left(x^4 + y^4 + z^4 - \frac{3}{5}r^4\right) \mathrm{d}^3 r$$

$$\langle v|\hat{\mathcal{H}}'|v\rangle = \frac{V_0}{4}\int [f_{32}(r)]^2 (x^2 - y^2)^2\left(x^4 + y^4 + z^4 - \frac{3}{5}r^4\right) \mathrm{d}^3 r$$

$$= \frac{V_0}{4}\int [f_{32}(r)]^2 (x^4 - 2x^2 y^2 + y^4)\left(x^4 + y^4 + z^4 - \frac{3}{5}r^4\right) \mathrm{d}^3 r$$

$$= \frac{V_0}{2}\int [f_{32}(r)]^2 (z^4 - x^2 y^2)\left(x^4 + y^4 + z^4 - \frac{3}{5}r^4\right) \mathrm{d}^3 r$$

$$\langle \xi|\hat{\mathcal{H}}'|\xi\rangle = V_0 \int [f_{32}(r)]^2 y^2 z^2 \left(x^4 + y^4 + z^4 - \frac{3}{5}r^4\right) \mathrm{d}^3 r$$

$$= V_0 \int [f_{32}(r)]^2 x^2 y^2 \left(x^4 + y^4 + z^4 - \frac{3}{5}r^4\right) \mathrm{d}^3 r$$

$$\langle \eta|\hat{\mathcal{H}}'|\eta\rangle = V_0 \int [f_{32}(r)]^2 z^2 x^2 \left(x^4 + y^4 + z^4 - \frac{3}{5}r^4\right) \mathrm{d}^3 r$$

$$= V_0 \int [f_{32}(r)]^2 x^2 y^2 \left(x^4 + y^4 + z^4 - \frac{3}{5}r^4\right) \mathrm{d}^3 r$$

$$\langle \zeta|\hat{\mathcal{H}}'|\zeta\rangle = V_0 \int [f_{32}(r)]^2 x^2 y^2 \left(x^4 + y^4 + z^4 - \frac{3}{5}r^4\right) \mathrm{d}^3 r$$

よって, $\langle u|\hat{\mathcal{H}}'|u\rangle = \langle v|\hat{\mathcal{H}}'|v\rangle$, $\langle \xi|\hat{\mathcal{H}}'|\xi\rangle = \langle \eta|\hat{\mathcal{H}}'|\eta\rangle = \langle \zeta|\hat{\mathcal{H}}'|\zeta\rangle$ がいえるため, エネルギー準位は 2 重縮退した状態と 3 重縮退した状態の 2 種類に分裂することがわかる.

問 58 正八面体型結晶場による d 軌道のエネルギー分裂【解答例】

(4) 2 種類の積分を詳細に書き下す.

$$\langle u|\hat{\mathcal{H}}'|u\rangle = \langle v|\hat{\mathcal{H}}'|v\rangle$$
$$= \frac{V_0}{2}\frac{4}{6\pi}\left(\frac{1}{3a_0}\right)^7 \int \exp\left(-\frac{2r}{3a_0}\right)$$
$$\times \left(z^4x^4 + z^4y^4 + z^8 - \frac{3}{5}z^4r^4 - x^6y^2 - x^2y^6 - x^2y^2z^4 + \frac{3}{5}x^2y^2r^4\right)\mathrm{d}^3r$$
$$= \frac{V_0}{3^8\pi a_0{}^7}\int \exp\left(-\frac{2r}{3a_0}\right)\left(z^8 + 2x^4y^4 - 2x^6y^2 - x^2y^2z^4 - \frac{3}{5}z^4r^4 + \frac{3}{5}x^2y^2r^4\right)\mathrm{d}^3r$$

$$\langle \xi|\hat{\mathcal{H}}'|\xi\rangle = \langle \eta|\hat{\mathcal{H}}'|\eta\rangle = \langle \zeta|\hat{\mathcal{H}}'|\zeta\rangle$$
$$= \frac{2V_0}{3^8\pi a_0{}^7}\int \exp\left(-\frac{2r}{3a_0}\right)\left(2x^6y^2 + x^2y^2z^4 - \frac{3}{5}x^2y^2r^4\right)\mathrm{d}^3r$$

極座標 $x = r\sin\theta\cos\phi$, $y = r\sin\theta\sin\phi$, $z = r\cos\theta$ を用いて必要な積分計算を先に行っておく.

$$\int \exp\left(-\frac{2r}{3a_0}\right)z^8 \,\mathrm{d}^3r = \int_0^\infty r^{10}\exp\left(-\frac{2r}{3a_0}\right)\mathrm{d}r \int_0^\pi \sin\theta\cos^8\theta \,\mathrm{d}\theta \int_0^{2\pi}\mathrm{d}\phi$$
$$= \left(\frac{3a_0}{2}\right)^{11} 10!\,\frac{2}{9}\,2\pi = \frac{3^{13}\cdot 5^2\cdot 7\pi}{2}a_0{}^{11}$$

$$\int \exp\left(-\frac{2r}{3a_0}\right)x^4y^4 \,\mathrm{d}^3r = \int_0^\infty r^{10}\exp\left(-\frac{2r}{3a_0}\right)\mathrm{d}r \int_0^\pi \sin^9\theta \,\mathrm{d}\theta \int_0^{2\pi}\sin^4\phi\cos^4\phi \,\mathrm{d}\phi$$
$$= \left(\frac{3a_0}{2}\right)^{11} 10!\,\frac{2\cdot 8!!}{9!!}\frac{2\pi\cdot 3!!\cdot 3!!}{8!!} = \frac{3^{14}\cdot 5\pi}{2}a_0{}^{11}$$

$$\int \exp\left(-\frac{2r}{3a_0}\right)x^6y^2 \,\mathrm{d}^3r = \int_0^\infty r^{10}\exp\left(-\frac{2r}{3a_0}\right)\mathrm{d}r \int_0^\pi \sin^9\theta \,\mathrm{d}\theta \int_0^{2\pi}\sin^6\phi\cos^2\phi \,\mathrm{d}\phi$$
$$= \left(\frac{3a_0}{2}\right)^{11} 10!\,\frac{2\cdot 8!!}{9!!}\frac{2\pi\cdot 5!!}{8!!} = \frac{3^{13}\cdot 5^2\pi}{2}a_0{}^{11}$$

$$\int \exp\left(-\frac{2r}{3a_0}\right)x^2y^2z^4 \,\mathrm{d}^3r = \int_0^\infty r^{10}\exp\left(-\frac{2r}{3a_0}\right)\mathrm{d}r \int_0^\pi \sin^5\theta\cos^4\theta \,\mathrm{d}\theta \int_0^{2\pi}\sin^2\phi\cos^2\phi \,\mathrm{d}\phi$$
$$= \left(\frac{3a_0}{2}\right)^{11} 10!\,\frac{2\cdot 4!!\cdot 3!!}{9!!}\frac{2\pi}{4!!} = \frac{3^{13}\cdot 5\pi}{2}a_0{}^{11}$$

$$\int \exp\left(-\frac{2r}{3a_0}\right)z^4r^4 \,\mathrm{d}^3r = \int_0^\infty r^{10}\exp\left(-\frac{2r}{3a_0}\right)\mathrm{d}r \int_0^\pi \sin\theta\cos^4\theta \,\mathrm{d}\theta \int_0^{2\pi}\mathrm{d}\phi$$
$$= \left(\frac{3a_0}{2}\right)^{11} 10!\,\frac{2}{5}\,2\pi = \frac{3^{15}\cdot 5\cdot 7\pi}{2}a_0{}^{11}$$

$$\int \exp\left(-\frac{2r}{3a_0}\right)x^2y^2r^4 \,\mathrm{d}^3r = \int_0^\infty r^{10}\exp\left(-\frac{2r}{3a_0}\right)\mathrm{d}r \int_0^\pi \sin^5\theta \,\mathrm{d}\theta \int_0^{2\pi}\sin^2\phi\cos^2\phi \,\mathrm{d}\phi$$
$$= \left(\frac{3a_0}{2}\right)^{11} 10!\,\frac{2\cdot 4!!}{5!!}\frac{2\pi}{4!!} = \frac{3^{14}\cdot 5\cdot 7\pi}{2}a_0{}^{11}$$

これらを用いて, 対角項の積分計算を行うことができる.

第 7 章 電子のエネルギーバンド【解答例】

$$\begin{aligned}
\langle u|\hat{\mathcal{H}}'|u\rangle &= \langle v|\hat{\mathcal{H}}'|v\rangle \\
&= \frac{V_0 a_0{}^4}{3^8}\left(\frac{3^{13}\cdot 5^2\cdot 7}{2} + 3^{14}\cdot 5 - 3^{13}\cdot 5^2 - \frac{3^{13}\cdot 5}{2} - \frac{3^{16}\cdot 7}{2} + \frac{3^{15}\cdot 7}{2}\right) \\
&= 2^2\cdot 3^6 V_0 a_0{}^4 \\
\langle \xi|\hat{\mathcal{H}}'|\xi\rangle &= \langle \eta|\hat{\mathcal{H}}'|\eta\rangle = \langle \zeta|\hat{\mathcal{H}}'|\zeta\rangle \\
&= \frac{V_0 a_0{}^4}{3^8}\left(3^{13}\cdot 5^2 + \frac{3^{13}\cdot 5}{2} - \frac{3^{15}\cdot 7}{2}\right) \\
&= -2^3\cdot 3^5 V_0 a_0{}^4
\end{aligned}$$

これらより, 式 (7A.3) の永年方程式は以下のようになる.

$$\begin{vmatrix} E_e - E & 0 & 0 & 0 & 0 \\ 0 & E_e - E & 0 & 0 & 0 \\ 0 & 0 & E_t - E & 0 & 0 \\ 0 & 0 & 0 & E_t - E & 0 \\ 0 & 0 & 0 & 0 & E_t - E \end{vmatrix} = 0$$

ゆえに,

$$E = E_e = 2^2\cdot 3^6 V_0 a_0{}^4 \quad (2\,\text{重縮退})$$
$$E = E_t = -2^3\cdot 3^5 V_0 a_0{}^4 \quad (3\,\text{重縮退})$$

となり, エネルギーの低い 3 つの軌道とエネルギーの高い 2 つの軌道に分裂する.

第8章 半導体【解答例】

問59 半導体中の電子密度と正孔密度【解答例】

(1) 図 8A.1 のようになる．

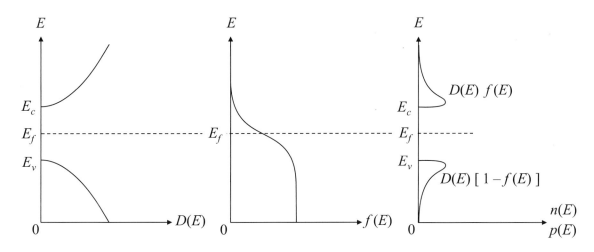

図 8A.1: (左から順に) 状態密度関数, 分布関数, キャリア密度のエネルギー依存性

(2) 伝導帯の電子は $\infty > E \geq E_c$ のエネルギー範囲で，価電子帯の正孔は $E_v \geq E > -\infty$ のエネルギー範囲に存在するので，Boltzmann 近似を用いると伝導帯の電子の密度 n と正孔の密度 p はそれぞれ状態密度と分布関数の積として次式で与えられる．

$$n = \frac{1}{2\pi^2}\left(\frac{2m_e}{\hbar^2}\right)^{3/2} \int_{E_c}^{\infty} (E-E_c)^{1/2} \exp\left(-\frac{E-E_F}{k_B T}\right) dE$$

$$p = \frac{1}{2\pi^2}\left(\frac{2m_h}{\hbar^2}\right)^{3/2} \int_{-\infty}^{E_v} (E_v-E)^{1/2} \exp\left(-\frac{E-E_F}{k_B T}\right) dE$$

$(E-E_c)^{1/2} \equiv t$ と変数変換を施すと，

$$n = \frac{1}{\pi^2}\left(\frac{2m_e}{\hbar^2}\right)^{3/2} \exp\left(-\frac{E_c-E_F}{k_B T}\right) \int_0^{\infty} t^2 \exp\left(-\frac{t^2}{k_B T}\right) dt$$

Gauss 積分,

$$\int_{-\infty}^{\infty} x^{2n} \exp(-\alpha x^2) dx = \sqrt{\frac{\pi}{\alpha}} \frac{(2n-1)!!}{(2\alpha)^n}$$

を用いて積分部分の計算を行うと,

$$n = 2\left(\frac{m_e k_B T}{2\pi \hbar^2}\right)^{3/2} \exp\left(-\frac{E_c-E_F}{k_B T}\right)$$
$$= N_c \exp\left(-\frac{E_c-E_F}{k_B T}\right)$$

第 8 章 半導体【解答例】

N_c は以下のように表される.
$$N_c = 2\left(\frac{m_e k_{\rm B} T}{2\pi\hbar^2}\right)^{3/2}$$

同様に $(E_v - E)^{1/2} \equiv s$ と変数変換を施すと,
$$p = \frac{1}{\pi^2}\exp\left(-\frac{E_{\rm F} - E_v}{k_{\rm B} T}\right)\int_0^\infty s^2 \exp\left(-\frac{s^2}{k_{\rm B} T}\right) {\rm d}s$$
$$= 2\left(\frac{m_h k_{\rm B} T}{2\pi\hbar^2}\right)^{3/2} \exp\left(-\frac{E_{\rm F} - E_v}{k_{\rm B} T}\right)$$
$$= N_v \exp\left(-\frac{E_{\rm F} - E_v}{k_{\rm B} T}\right)$$

となる. N_v は以下のように表される.
$$N_v = 2\left(\frac{m_h k_{\rm B} T}{2\pi\hbar^2}\right)^{3/2}$$

(3) 単純に積をとれば,
$$np = N_c N_v \exp\left(-\frac{E_c - E_v}{k_{\rm B} T}\right)$$
$$= N_c N_v \exp\left(-\frac{E_g}{k_{\rm B} T}\right)$$
$$= 4(m_e m_h)^{3/2}\left(\frac{k_{\rm B} T}{2\pi\hbar^2}\right)^3 \exp\left(-\frac{E_g}{k_{\rm B} T}\right)$$

ただし, $E_g = E_c - E_v$ はバンドギャップエネルギーである. よって,
$$n_i = \sqrt{N_c N_v}\exp\left(-\frac{E_g}{2k_{\rm B} T}\right)$$
$$= 2(m_e m_h)^{3/4}\left(\frac{k_{\rm B} T}{2\pi\hbar^2}\right)^{3/2} \exp\left(-\frac{E_g}{2k_{\rm B} T}\right)$$

(4) 全キャリア密度を N とすると,
$$pn = n_i^2$$
が成り立つので,
$$N = p + n = p + \frac{n_i^2}{p}$$
$$\frac{{\rm d}N}{{\rm d}p} = 1 - \frac{n_i^2}{p^2} = \frac{(p - n_i)(p + n_i)}{p^2}$$

$p > 0$ より, $p = n_i$ の時 ${\rm d}N/{\rm d}p = 0$ となり, N は最小となる. したがって全キャリア密度が最小となるのは $n = p = n_i$ の時である.

(5) 不純物がすべて活性化していることから, n 型領域のキャリア密度は $n = N_D$, p 型領域のキャリア密度は $p = N_A$ と考えてよい. よって, n 型領域の伝導帯のエネルギーを E_{cn}, p 型領域の価電子帯のエネルギーを E_{vp}, Fermi エネルギーを $E_{\rm F}$ とすれば, 以下の関係が得られる.
$$N_D = N_c \exp\left(-\frac{E_{cn} - E_{\rm F}}{k_{\rm B} T}\right)$$
$$N_A = N_v \exp\left(-\frac{E_{\rm F} - E_{vp}}{k_{\rm B} T}\right)$$

と書ける. 拡散電位は, バンドギャップエネルギーを E_g, p 型領域の伝導帯のエネルギーを E_{cp} とすれば, $V_D = (E_{cp} - E_{cn})/e = (E_g + E_{vp} - E_{cn})/e$ と表されるので,

$$V_D = \frac{k_B T}{e} \left[\ln\left(\frac{N_A N_D}{N_v N_c}\right) + \frac{E_g}{k_B T} \right]$$
$$= \frac{k_B T}{e} \ln\left[\frac{N_A N_D}{N_v N_c \exp(-E_g/k_B T)}\right]$$
$$= \frac{k_B T}{e} \ln\left(\frac{N_A N_D}{n_i^2}\right)$$

となる. したがって拡散電位は $V_D \simeq 0.89$ [V] となる.

問 60　pn 接合における空乏層【解答例】

(1) 図 8A.2 のように接合界面に垂直な方向に x 軸をとり, 接合界面を $x = 0$ とし, $x > 0$ の領域に p 型半導体が, $x < 0$ の領域に n 型半導体があるものとする. 空乏層の領域を $-x_n < 0 < x_p$ とする.

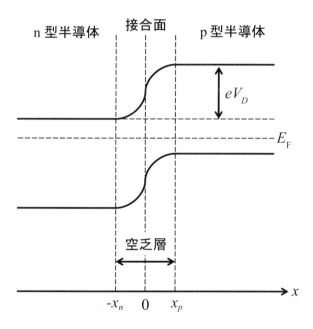

図 8A.2: 外部電圧が 0 の場合に p 型半導体と n 型半導体を接合させた場合のエネルギー準位の概念図

n 型半導体の空乏層領域 $(-x_n < x < 0)$ の電位 $\phi_n(x)$ を考える. 電荷密度の絶対値が ρ_n とすれば, 実際の電荷密度は $-\rho_n$ なので, Poisson 方程式より,

$$\frac{d^2}{dx^2}\phi_n(x) = \frac{\rho_n}{\varepsilon} \tag{8A.1}$$

が成り立つ. 接合前の n 型半導体の伝導帯のエネルギーを基準にとれば, x が負に十分大きい領域での電位が 0 となるため, 以下の境界条件が要請される.

$$\phi_n(x)|_{x=-x_n} = 0$$
$$\frac{d}{dx}\phi_n(x)|_{x=-x_n} = 0$$

第 8 章 半導体【解答例】

これらの境界条件のもと, 式 (8A.1) の微分方程式を解く.

$$\phi_n(x) = \frac{\rho_n}{2\varepsilon}(x + x_n)^2 \tag{8A.2}$$

続いて p 型半導体の空乏層領域 $(0 < x < x_p)$ の電位 $\phi_p(x)$ を考える. Poisson 方程式より,

$$\frac{\mathrm{d}^2}{\mathrm{d}x^2}\phi_p(x) = -\frac{\rho_p}{\varepsilon} \tag{8A.3}$$

が成り立つ. n 型半導体内部の伝導帯のエネルギーを基準にとったため, x が正に十分大きい領域での電位は $V + V_D$ となる. ただし, ここでは $V < 0$ が順バイアス, $V > 0$ が逆バイアスに対応するよう V の向きをとった. 境界条件は以下のようになる.

$$\phi_p(x)|_{x=x_p} = V + V_D$$
$$\frac{\mathrm{d}}{\mathrm{d}x}\phi_p(x)|_{x=x_p} = 0$$

これらの境界条件のもと, 式 (8A.3) の微分方程式を解く.

$$\phi_p(x) = -\frac{\rho_p}{2\varepsilon}(x - x_p)^2 + V + V_D \tag{8A.4}$$

式 (8A.2) および 式 (8A.4) は $x = 0$ においての境界条件を満たす必要があるため, 以下の等式が成り立つ.

$$\frac{\rho_n}{2\varepsilon}x_n{}^2 = -\frac{\rho_p}{2\varepsilon}x_p{}^2 + V + V_D$$
$$\frac{\rho_n}{\varepsilon}x_n = \frac{\rho_p}{\varepsilon}x_p$$

よって, x_p および x_n は以下のように求められる.

$$x_p = \left[\frac{2\varepsilon(V+V_D)}{\rho_p}\frac{1}{1+\rho_p/\rho_n}\right]^{1/2}$$
$$x_n = \left[\frac{2\varepsilon(V+V_D)}{\rho_n}\frac{1}{1+\rho_n/\rho_p}\right]^{1/2}$$

ゆえに, 空乏層の幅を d とおくとこれは x_p と x_n の足し算で求められ, 以下の解が導ける.

$$d = \left[2\varepsilon(V+V_D)\frac{\rho_n+\rho_p}{\rho_n\rho_p}\right]^{1/2}$$

(2) 電気容量 C は, 誘電率に並行板の面積をかけて並行板間の距離で割ることで求められる. 単位面積あたりの場合は以下のようになる.

$$C = \frac{\varepsilon}{d} = \left[\frac{\varepsilon}{2(V+V_D)}\frac{\rho_n\rho_p}{\rho_n+\rho_p}\right]^{1/2}$$

問61 キャリアの移動度と拡散係数の関係式(Einstein の関係式)【解答例】

ドリフト電流と拡散電流をあわせて, 正味の電流密度 j は,

$$j = \mu n E - D\frac{\mathrm{d}n}{\mathrm{d}x}$$

問61 キャリアの移動度と拡散係数の関係式（Einsteinの関係式）【解答例】

とできる．熱平衡状態においては $j=0$ でなければならないので，

$$n = N_0 \exp\left[-\frac{eV(x)}{k_\mathrm{B}T}\right]$$

を用いることで，Einsteinの関係式，

$$\mu = \frac{eD}{k_\mathrm{B}T}$$

を得る．

問62 半導体接合におけるSchottky障壁【解答例】

(1) 図8A.3に模式図を示す．Schottky障壁を作る条件は $\phi_m > \phi_s$ である．Schottky障壁を作らない場合はOhm性接触と呼ばれる．

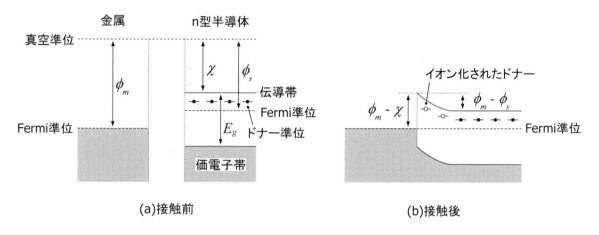

図 8A.3: 金属と n 型半導体の接触前後におけるエネルギー準位の模式図

(2) Schottky障壁高さ: $\phi_m - \chi = 1.1\,[\mathrm{eV}]$
拡散電位によるエネルギー高さ: $\phi_m - \phi_s = 0.9\,[\mathrm{eV}]$

(3) 半導体から金属へ電子が流れる際のエネルギー障壁は V に依存し，$(\phi_m - \phi_s) - eV$ となる．一方で，金属から半導体へ電子が流れるときのエネルギー障壁は $\phi_m - \chi$ で一定である．そのため順方向電圧をかけると，半導体から金属への電子流が増えて，正味の電流は金属から半導体へ流れる．逆方向電圧を印加すると，その逆になるが電流は一定であり，整流性が生じる．

問63 半導体の光吸収スペクトル【解答例】

光励起によって生じた電子と正孔が対をつくった状態(励起子，エキシトン)を生成する過程に対応する吸収が鋭い吸収線の原因である．励起子は，水素原子と同様に，正孔と電子の束縛エネルギー分だけ安定化しているため，バンド間遷移よりも束縛エネルギー分だけ低いエネルギーで生成することができる．このため，バンド間遷移よりも低エネルギー側に鋭い吸収線を示す．

第9章 誘電体・光学応答【解答例】

問64 誘電体の分類と焦電定数の対称性に基づく考察【解答例】

(1)
- 圧電体：外部から応力を印加することによって分極が生じる物質．
- 焦電体：外場を印加しなくても自発分極を有している物質．
- 強誘電体：焦電体のうち，外部から電場を印加することによって，その電気分極の方向を反転させることが可能な物質．

それぞれの定義は包含関係にあり，その概略を図 9A.1 に示す．

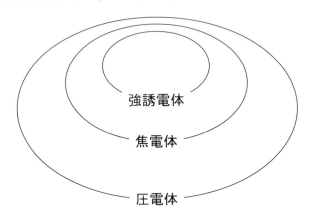

図 9A.1: 強誘電体, 焦電体, 圧電体の包含関係

(2) (a) c 面が鏡映面であるから，c 軸方向を反転させた座標系において，

$$m_c p_i = \begin{pmatrix} 1 & 0 & 0 \\ 0 & 1 & 0 \\ 0 & 0 & -1 \end{pmatrix} \begin{pmatrix} p_1 \\ p_2 \\ p_3 \end{pmatrix} = \begin{pmatrix} p_1 \\ p_2 \\ -p_3 \end{pmatrix}$$

となる．式 (9.1) と比較すると，c 軸成分はゼロでなければならないため，c 軸方向には電気分極が存在しないが，a, b 軸方向には電気分極が存在してもよいことがわかる．

(b) c 軸が 2 回回転軸であるため，c 軸まわりに 180 度回転させた座標系において，

$$C_2 p_i = \begin{pmatrix} -1 & 0 & 0 \\ 0 & -1 & 0 \\ 0 & 0 & 1 \end{pmatrix} \begin{pmatrix} p_1 \\ p_2 \\ p_3 \end{pmatrix} = \begin{pmatrix} -p_1 \\ -p_2 \\ p_3 \end{pmatrix}$$

となる．式 (9.1) と比較すると，a, b 軸成分はゼロでなければならないから，a, b 軸方向には電気分極が存在しないが，c 軸方向には電気分極が存在してもよいことがわかる．

問 65　金属と半導体の誘電関数【解答例】

(1) 角振動数がプラズマ角振動数以下 ($\omega < \omega_p$) のとき, $\varepsilon_r(\omega) < 0$ となるため $\sqrt{\varepsilon_r(\omega)}$ は純虚数となる. したがって, $R(\omega) = 1$ となり光が完全反射されることがわかる. 次に, $\omega \to \infty$ の極限で $\varepsilon_r \to 1$ なので $R(\omega) \to 0$ に漸近することがわかる. つまり, $\omega > \omega_p$ では $R(\omega) = 1$ から $R(\omega) = 0$ に向かって滑らかに減少していくことがわかる. これを図示すると図 9A.2 のようになる.

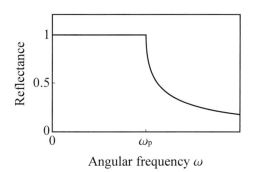

図 9A.2: Drude モデルに基づく金属の反射率スペクトル

(2) 電場と変位の時間依存性を $E = E_0 e^{-i\omega t}, u = u_0 e^{-i\omega t}$ とすると, 運動方程式より以下の関係が得られる.
$$u_0 = \frac{eE_0}{m\omega(\omega + i/\tau)}$$

電気双極子の密度を N とすれば分極の Fourier 成分は,
$$P(\omega) = -Neu_0 = -\frac{Ne^2 E_0}{m} \frac{1}{\omega(\omega + i/\tau)}$$

と表せる. プラズマ角振動数 $\omega_p = \sqrt{Ne^2/(m\varepsilon_0)}$ を用いて,
$$P(\omega) = -\varepsilon_0 \frac{\omega_p^2}{\omega(\omega + i/\tau)} E_0$$

となるため, 誘電関数は,
$$\varepsilon_r(\omega) = 1 - \frac{\omega_p^2}{\omega(\omega + i/\tau)}$$

と得られる.

(3) (2) と同様に $E = E_0 e^{-i\omega t}, u = u_0 e^{-i\omega t}$ とすると, 運動方程式より,
$$u_0 = \frac{eE_0}{M} \frac{1}{\omega^2 + i\omega/\tau - \omega_0^2}$$

となる. 分極は,
$$P(\omega) = -\frac{Ne^2 E_0}{M} \frac{1}{\omega^2 + i\omega/\tau - \omega_0^2}$$

と表せるため, 誘電関数は,
$$\varepsilon_r(\omega) = 1 + \frac{Ne^2}{M\varepsilon_0} \frac{1}{\omega_0^2 - \omega(\omega + i/\tau)}$$

となる. なお, Lorentz モデルは誘電関数における光学フォノンの寄与をよく説明する.

問 66　複素電気感受率と Kramers–Kronig の関係【解答例】

(1) 角振動数 ω の実部と虚部をそれぞれ ω_1 と ω_2 とすれば，電気感受率 $\chi(\omega)$ の実部と虚部は，応答関数 $G(\tau)$ に対して以下のように表される．

$$\chi_1(\omega) = \int_0^\infty \cos(\omega_1\tau) e^{-\omega_2\tau} G(\tau)\, d\tau$$

$$\chi_2(\omega) = \int_0^\infty \sin(\omega_1\tau) e^{-\omega_2\tau} G(\tau)\, d\tau$$

いま，$\omega_2 < 0$ とすれば，$\tau \to \infty$ で $e^{-\omega_2\tau}$ が無限大に発散してしまう．一方，$\omega_2 > 0$ とすれば発散はせず，また以下の Cauchy–Riemann 方程式を満たす．

$$\frac{\partial \chi_1}{\partial \omega_1} = \frac{\partial \chi_2}{\partial \omega_2} = -\int_0^\infty \tau \sin(\omega_1\tau) e^{-\omega_2\tau} G(\tau)\, d\tau$$

$$\frac{\partial \chi_1}{\partial \omega_2} = -\frac{\partial \chi_2}{\partial \omega_1} = -\int_0^\infty \tau \cos(\omega_1\tau) e^{-\omega_2\tau} G(\tau)\, d\tau$$

よって，$\chi(\omega)$ は複素平面の上半面において正則であり，極は下半面にある．極の実部は物質が励起される際の遷移振動数，虚部はその励起の緩和時間を反映している．

(2) 比誘電率は $\varepsilon_r(\omega) = 1 + \chi(\omega)$ と表される．静的な比誘電率は $\omega = 0$ での値であり，$G(\tau)$ が実の関数であることから得られる $\chi(-\omega) = \chi(\omega)^*$ の関係を使えば，Kramers–Kronig の関係から以下のように表される．

$$\varepsilon_r(0) = 1 + \frac{2}{\pi} \int_0^\infty \frac{\chi_2(\omega')}{\omega'}\, d\omega'$$

よって，低い角振動数 ω' において感受率の虚部 $\chi_2(\omega')$ が大きいほど，静的な誘電率は大きな値となる．

問 67　時間に依存する摂動論と状態遷移【解答例】

(1) Schrödinger 方程式，

$$i\hbar \frac{\partial \psi(\boldsymbol{r},t)}{\partial t} = \left[\hat{\mathcal{H}}_0 + \hat{\mathcal{H}}_{\text{int}}(t)\right] \psi(\boldsymbol{r},t)$$

の両辺を展開すると，

$$\text{左辺} = i\hbar \sum_n \left(\frac{\partial a_n(t)}{\partial t} u_n(\boldsymbol{r}) e^{-i\epsilon_n t/\hbar} - i\frac{\epsilon_n}{\hbar} a_n(t) u_n(\boldsymbol{r}) e^{-i\epsilon_n t/\hbar}\right)$$

$$\text{右辺} = \sum_n \left(\epsilon_n a_n(t) u_n(\boldsymbol{r}) e^{i\epsilon_n t/\hbar}\right) + \hat{\mathcal{H}}_{\text{int}}(t) \psi(\boldsymbol{r},t)$$

ここで右辺の展開において $\mathcal{H}_0 u_n(\boldsymbol{r}) = \epsilon_n u_n(\boldsymbol{r})$ を用いた．両辺に対して $u_m^*(\boldsymbol{r})$ をかけて積分することにより基底関数の直交性から，

$$i\hbar \left(\frac{\partial a_m(t)}{\partial t} e^{-i\epsilon_m t/\hbar} - i\frac{\epsilon_m}{\hbar} a_m(t) e^{-i\epsilon_m t/\hbar}\right) = \left(\epsilon_m a_m(t) e^{-i\epsilon_m t/\hbar}\right) + \int u_m^*(\boldsymbol{r}) \hat{\mathcal{H}}_{\text{int}}(t) \psi(\boldsymbol{r},t) d^3\boldsymbol{r}$$

$$\frac{\partial a_m(t)}{\partial t} = \frac{e^{i\epsilon_m t/\hbar}}{i\hbar} \int u_m^*(\boldsymbol{r}) \hat{\mathcal{H}}_{\text{int}}(t) \psi(\boldsymbol{r},t) d^3\boldsymbol{r}$$

となり，$a_m(t)$ が従う方程式が得られた．

(2) (1) で得られた時間発展の方程式に対して具体的な $\mathcal{H}_{\rm int}$ の表式を代入すると,

$$\frac{\partial a_m(t)}{\partial t} = \frac{{\rm e}^{{\rm i}\epsilon_m t/\hbar}}{{\rm i}\hbar} \int u_m^*(\boldsymbol{r}) e\hat{x} F \sin(\omega t) \sum_n a_n(t) u_n(\boldsymbol{r}) {\rm e}^{-{\rm i}\epsilon_n t/\hbar} {\rm d}^3\boldsymbol{r}$$

$$= \frac{eF}{{\rm i}\hbar} \sum_n \int [u_m^*(\boldsymbol{r})\hat{x}u_n(\boldsymbol{r})]\,{\rm d}^3\boldsymbol{r}\; {\rm e}^{{\rm i}(\epsilon_m-\epsilon_n)t/\hbar} \frac{{\rm e}^{{\rm i}\omega t}-{\rm e}^{-{\rm i}\omega t}}{2{\rm i}} a_n(t)$$

$$= -\frac{eF}{2\hbar} \sum_n \int [u_m^*(\boldsymbol{r})\hat{x}u_n(\boldsymbol{r})]\,{\rm d}^3\boldsymbol{r} \left[{\rm e}^{{\rm i}(\epsilon_m-\epsilon_n+\hbar\omega)t/\hbar} - {\rm e}^{{\rm i}(\epsilon_m-\epsilon_n-\hbar\omega)t/\hbar}\right] a_n(t)$$

となる. 一次の摂動まで評価すると,

$$a_m(t) = a_m(0) - \frac{eF}{2\hbar}\sum_n \int [u_m^*(\boldsymbol{r})\hat{x}u_n(\boldsymbol{r})]\,{\rm d}^3\boldsymbol{r} \int_0^t \left[{\rm e}^{{\rm i}(\epsilon_m-\epsilon_n+\hbar\omega)s/\hbar} - {\rm e}^{{\rm i}(\epsilon_m-\epsilon_n-\hbar\omega)s/\hbar}\right] a_n(0){\rm d}s$$

$$= a_m(0) + \frac{{\rm i}eF}{2}\sum_n \int [u_m^*(\boldsymbol{r})\hat{x}u_n(\boldsymbol{r})]\,{\rm d}^3\boldsymbol{r} \left[\frac{{\rm e}^{{\rm i}(\epsilon_m-\epsilon_n+\hbar\omega)t/\hbar}-1}{\epsilon_m-\epsilon_n+\hbar\omega} - \frac{{\rm e}^{{\rm i}(\epsilon_m-\epsilon_n-\hbar\omega)t/\hbar}-1}{\epsilon_m-\epsilon_n-\hbar\omega}\right] a_n(0)$$

となる. ただし $t=0$ において, 系の状態が u_0 であるため $a_i(0) = \delta_{i0}$ となり,

$$a_m(t) = \delta_{m0} + \frac{{\rm i}eF}{2} \int [u_m^*(\boldsymbol{r})\hat{x}u_0(\boldsymbol{r})]\,{\rm d}^3\boldsymbol{r} \left[\frac{{\rm e}^{{\rm i}(\epsilon_m-\epsilon_0+\hbar\omega)t/\hbar}-1}{\epsilon_m-\epsilon_0+\hbar\omega} - \frac{{\rm e}^{{\rm i}(\epsilon_m-\epsilon_0-\hbar\omega)t/\hbar}-1}{\epsilon_m-\epsilon_0-\hbar\omega}\right]$$

が得られる.

(3) (2) で得られた結果から, 電気双極子遷移の選択則は波動関数の空間分布の遷移振幅,

$$\int [u_m^*(\boldsymbol{r})\hat{x}u_0(\boldsymbol{r})]\,{\rm d}^3\boldsymbol{r}$$

によって決定づけられる. 空間積分が全空間に対して対称に行われるため, 被積分関数 $u_m^*(\boldsymbol{r})\hat{x}u_0(\boldsymbol{r})$ が奇関数である場合, 直ちにその値が 0 となることがわかる. つまりこの場合, 電気双極子遷移は禁制遷移となる. 一方, 被積分関数が偶関数の場合は積分が非ゼロの値をとるため, 許容遷移となる. つまり, 波動関数のパリティ(偶奇性) によって遷移の許容, 禁制が容易に判別できる. この事実を用いると,

(a) 水素原子の $1s$ から $2s$ への遷移:同じパリティの波動関数に対して位置演算子 x が残るため奇関数となり, 禁制遷移となる.

(b) 水素原子の $1s$ から $2p_x$ への遷移:異なるパリティの波動関数に対して位置演算子 x が残るため偶関数となり, 許容遷移となる.

問68　Maxwell方程式における対称性【解答例】

Wb/m^3 の次元を持つ磁荷密度 ρ_m が存在すると仮定すると, 式 (9.4) は, 電荷の式 (9.3) にならい,

$$\boldsymbol{\nabla}\cdot\boldsymbol{B} = \rho_m$$

と書き表される (A/m^2 の次元を持つ $\rho_m' = \rho_m/\mu_0$ と考えることもできる). また, 式 (9.6) に関して, 左から $\boldsymbol{\nabla}$ を作用させると, ベクトル方程式 $\boldsymbol{\nabla}\cdot(\boldsymbol{\nabla}\times\boldsymbol{B}) = 0$ より,

$$\boldsymbol{\nabla}\cdot(\boldsymbol{\nabla}\times\boldsymbol{B}) = \mu_0\left(\varepsilon_0\frac{\partial}{\partial t}\boldsymbol{\nabla}\cdot\boldsymbol{E} + \boldsymbol{\nabla}\cdot\boldsymbol{i}_e\right)$$

$$0 = \frac{\partial \rho_e}{\partial t} + \boldsymbol{\nabla}\cdot\boldsymbol{i}_e \tag{9A.2}$$

第 9 章 誘電体・光学応答【解答例】

という電荷の保存則が成立する．一方，式 (9.5) に関しても同様に考えると，(左辺)= 0 に対し，

$$(右辺) = -\frac{\partial}{\partial t}\boldsymbol{\nabla} \cdot \boldsymbol{B} = -\frac{\partial \rho_m}{\partial t} \neq 0$$

となり，等式が成り立たない．そこで，式 (9A.2) と対称となる形で，

$$\frac{\partial \rho_m}{\partial t} + \boldsymbol{\nabla} \cdot \boldsymbol{i}_m = 0$$

を満たすような $\boldsymbol{i}_m$ を設定し，磁荷の保存が成り立つようにする．この $\boldsymbol{i}_m$ は単位時間あたりに単位面積を通過する磁荷の量，すなわち磁荷流を表している．以上を考慮すると，式 (9.5) は最終的に，

$$\boldsymbol{\nabla} \times \boldsymbol{E} = -\frac{\partial \boldsymbol{B}}{\partial t} - \boldsymbol{i}_m$$

へと書き換えられ，電磁対称性を有する表現で書き表されることになる．

問 69 点電荷と点光源が生成する電磁場【解答例】

(1) 電荷密度を ρ として，Gauss の法則は，

$$\int_{\partial C} \varepsilon_0 \boldsymbol{E} \cdot \mathrm{d}\boldsymbol{S} = \int_C \rho \, \mathrm{d}V = Q$$

である．ただし，∂C と C は半径 r の球面および球全体とする．電場の等方性を考慮して面積分を行うことで，

$$\boldsymbol{E}(\boldsymbol{r}) = \frac{1}{4\pi\varepsilon_0}\frac{Q}{r^2}\frac{\boldsymbol{r}}{r}$$

と求められる．電場の向きは点電荷と観測地点を結ぶ線に平行 (放射状) となり，振幅の大きさは距離の 2 乗に反比例する．別解としては，点電荷の作るポテンシャル，

$$U(r) = \frac{Q}{4\pi\varepsilon_0 r}$$

から球座標の勾配を求めることで，

$$\boldsymbol{E}(r) = -\boldsymbol{\nabla}U(r) = -\left(\frac{\partial}{\partial r}, \frac{1}{r}\frac{\partial}{\partial \theta}, \frac{1}{r\sin\theta}\frac{\partial}{\partial \phi}\right)U(r) = \left(\frac{Q}{4\pi\varepsilon_0 r^2}, 0, 0\right)$$

となる．

(2) 点光源を中心とする半径 r の球を考える．真空中の電磁波の全エネルギー W は，以下で表される．

$$W = \frac{1}{2}\int \left[\varepsilon_0 E^2(\boldsymbol{r}) + \frac{1}{\mu_0}B^2(\boldsymbol{r})\right]\mathrm{d}V = \int \varepsilon_0 E^2(\boldsymbol{r}) \, \mathrm{d}V$$

ここで，$B(\boldsymbol{r}) = \sqrt{\varepsilon_0 \mu_0}E(\boldsymbol{r})$ を用いた．つまり，球面を単位時間に通過するエネルギー密度は，$\varepsilon_0|E(\boldsymbol{r})|^2$ と表され，

$$4\pi r^2 \cdot \varepsilon_0|E(\boldsymbol{r})|^2 \cdot c = W_0$$

というエネルギー保存則が成り立つ．したがって，距離 r での電磁波の電場成分は，

$$E(\boldsymbol{r}) = \sqrt{\frac{W_0}{4\pi\varepsilon_0 c}}\frac{1}{r}$$

となる．電磁波は横波であるため電場は光源と観測点を結ぶ線に垂直方向に振動し，その振幅は距離に反比例する．

問 70　光の偏光と偏光子【解答例】

(1) 自由空間を伝播する平面波の電場は,
$$\bm{E}(\bm{r}) = A\bm{n} e^{-i\omega t + i\bm{k}\cdot\bm{r}} + \text{c.c.}$$

と表すことができる．ここでは A は実数, $\bm{n}$ は $|\bm{n}|=1$ を満たす 3 次元複素ベクトル, ω は光の角振動数, $\bm{k}$ は波数を表す．Gauss の法則 $\nabla\cdot\bm{E}=0$ より $\bm{k}\cdot(\bm{n}e^{-i\omega t+i\bm{k}\cdot\bm{r}} - \bm{n}^* e^{i\omega t - i\bm{k}\cdot\bm{r}}) = 0$ となる．ここで $\bm{k}$ の方向ベクトルを z 軸として定義すると $\bm{n}$ は x, y 成分のみを持つ 2 次元複素ベクトルとなる．ここで偏光状態の虚部は, 電場の x, y 成分間の位相差を表現している．

(2) 偏光子は特定の偏光状態に対して透過率が 1 となり, それに直交する偏光状態に対して透過率が 0 となる光学素子である．(1) で説明した通り, 任意の偏光状態は 2 次元複素ベクトルで表現できるため, 水平偏光を $(1,0)^T$, 垂直偏光を $(0,1)^T$ と表すことにする．透過軸が θ 度傾いた場合の偏光子の偏光状態に対する作用は, 2 次元行列を用いて,
$$T(\theta) = R(-\theta) T_0 R(\theta), \quad R(\theta) = \begin{pmatrix} \cos\theta & \sin\theta \\ -\sin\theta & \cos\theta \end{pmatrix}, \quad T_0 = \begin{pmatrix} 1 & 0 \\ 0 & 0 \end{pmatrix}$$

と表せる．ここで T_0 は透過軸が 0 度の際の偏光子の作用を表す．

問題で与えられた順路に沿って, 偏光子を水平偏光に作用させていくと, 出力状態は,
$$\bm{v}_{\text{out},1} = T(\pi/2) T(\pi/4) (1,0)^T = \begin{pmatrix} 0 & 0 \\ 0 & 1 \end{pmatrix} \frac{1}{2} \begin{pmatrix} 1 & 1 \\ 1 & 1 \end{pmatrix} \begin{pmatrix} 1 \\ 0 \end{pmatrix} = \begin{pmatrix} 0 \\ \frac{1}{2} \end{pmatrix}$$

となる．光強度は電場強度の 2 乗に比例することから出力の光強度は入力に対して 4 分の 1 になっている．一方, 逆路では透過軸を垂直方向にした偏光子が水平偏光を通すことができないため, 出力の光強度は 0 となる．

[別解] 直線偏光の電場の振幅を E とする．偏光方向から 45 度傾いた方向の電場の成分は $(1/\sqrt{2})E$ である．そこで, 透過軸を水平から 45 度傾けた偏光子を水平偏光が透過すると振幅が $(1/\sqrt{2})E$ で電場方向が 45 度傾いた偏光になる．これを透過軸を垂直方向にした偏光子に続けて通すと振幅は $(1/\sqrt{2}) \times (1/\sqrt{2})E = (1/2)E$ の垂直偏光になる．光強度は振幅の 2 乗だから 4 分の 1 となる．

問 71　物質境界における電磁波の屈折と反射【解答例】

(1) Snell の法則より, $n\sin\theta_0 = \sin\theta_1$．ここで, $\theta_1 = 90°$ のとき, つまり $\sin\theta_0 = 1/n$ を満たす θ_0 を臨界角といい, この値よりも入射角が大きい場合, 全反射が生じる．したがって, 式が成り立つ必要条件として $n > 1$, さらに全反射条件として $\theta_0 > \sin^{-1}(1/n)$ となる．

(2) $k' = \omega/v$, $n = c/v$ より $k' = n\omega/c, k = \omega/c$ であるので, 媒質中の $z > 0$ における電場は,
$$E_x = E_1 \exp\left[i\omega\left(\frac{n}{c}z - t\right)\right]$$

と書ける．また, $z < 0$ では, 入射波と境面からの反射波を足し合わせ,
$$E_x = E_0 \exp\left[i\omega\left(\frac{1}{c}z - t\right)\right] + E_2 \exp\left[-i\omega\left(\frac{1}{c}z + t\right)\right]$$

となる．$z = 0$ における接合条件から,
$$E_0 + E_2 = E_1$$

が求められる．一方，磁場ベクトルの向きは y 方向であり，B_y を Faraday の法則，
$$-\frac{\partial B_y}{\partial t} = \frac{\partial E_x}{\partial z}$$
から計算すると，$z > 0$ では，
$$B_y = -\int \frac{i\omega n}{c} E_1 \exp\left[i\omega\left(\frac{n}{c}z - t\right)\right] dt = \frac{n}{c} E_1 \exp\left[i\omega\left(\frac{n}{c}z - t\right)\right]$$
となる．$z < 0$ では，
$$B_y = \frac{1}{c} E_0 \exp\left[i\omega\left(\frac{1}{c}z - t\right)\right] - \frac{1}{c} E_2 \exp\left[-i\omega\left(\frac{1}{c}z + t\right)\right]$$
と表される．したがって $z = 0$ における磁場の接合条件は，
$$E_0 - E_2 = nE_1$$
となる．以上の 2 式から成る連立方程式を解くと，
$$\frac{E_2}{E_0} = \frac{1-n}{1+n}$$
が導出される．反射率 R は電場振幅の比の 2 乗なので，以下が得られる．
$$R = \left|\frac{E_2}{E_0}\right|^2 = \left|\frac{1-n}{1+n}\right|^2$$

(3) Maxwell 方程式で界面に平行な電場と磁場が連続という境界条件から，p 偏光の反射率 r_p を導出する．電場，磁場の振幅 E_0, H_0 に対して入射波，屈折波，反射波の添え字をそれぞれ 1, 2, r として，y 軸を界面に垂直，x 軸を界面内かつ入射面内，z 軸を入射面に垂直にとる．磁場は z 方向のみなので $H_z = H_0 \exp\left[i\left(k_x x + k_y y - \omega t\right)\right]$ と置く．磁場の連続性より，
$$H_{01z} + H_{0rz} = H_{02z} \neq 0$$
となる．電場については，
$$\varepsilon \frac{\partial E_x}{\partial t} = [\boldsymbol{\nabla} \times \boldsymbol{H}]_x = \frac{\partial H_z}{\partial y}, \qquad -i\varepsilon\omega E_x = ik_y H_z, \qquad E_x = -\frac{k_y H_z}{\varepsilon\omega} = -\frac{k_y H_z}{n^2 \varepsilon_0 \omega}$$
が成り立ち，電場の連続性から，
$$\frac{k_{1y}}{n_1^2} H_{01z} - \frac{k_{1y}}{n_1^2} H_{0rz} = \frac{k_{2y}}{n_2^2} H_{02z}$$
となる．ただし $n^2 = \varepsilon/\varepsilon_0$ を用いた．よって r_p は，
$$r_p = \frac{E_{0r}}{E_{01}} = \frac{H_{0rz}}{H_{01z}} = \frac{-n_1^2 k_{2y} + n_2^2 k_{1y}}{n_1^2 k_{2y} + n_2^2 k_{1y}}$$
と表される．ここで，波数ベクトルの定義，および Snell の法則 $n_1 \sin\theta_1 = n_2 \sin\theta_2$ より，
$$k_{1y} = -\frac{\omega}{c} n_1 \cos\theta_1, \qquad k_{2y} = -\frac{\omega}{c} n_2 \cos\theta_2 = -\frac{\omega}{c} \sqrt{n_2^2 - n_1^2 \sin^2\theta_1}$$
である (c は真空中の光速)．よって，
$$r_p = \frac{n_2 \cos\theta_1 - n_1 \cos\theta_2}{n_2 \cos\theta_1 + n_1 \cos\theta_2} = \frac{\frac{n_1 \sin\theta_1}{\sin\theta_2} \cos\theta_1 - n_1 \cos\theta_2}{\frac{n_1 \sin\theta_1}{\sin\theta_2} \cos\theta_1 + n_1 \cos\theta_2} = \frac{\sin\theta_1 \cos\theta_1 - \sin\theta_2 \cos\theta_2}{\sin\theta_1 \cos\theta_1 + \sin\theta_2 \cos\theta_2}$$
$$= \frac{\sin 2\theta_1 - \sin 2\theta_2}{\sin 2\theta_1 + \sin 2\theta_2} = \frac{\cos(\theta_1 + \theta_2) \sin(\theta_1 - \theta_2)}{\sin(\theta_1 + \theta_2) \cos(\theta_1 - \theta_2)} = \frac{\tan(\theta_1 - \theta_2)}{\tan(\theta_1 + \theta_2)}$$
と求められる．したがって，$\theta_1 + \theta_2 = \pi/2$ のとき $r_p = 0$ となり，
$$n_1 \sin\theta_1 = n_2 \sin\theta_2 = n_2 \sin(\pi/2 - \theta_1) = n_2 \cos\theta_1, \qquad \tan\theta_1 = n_2/n_1$$
$\theta_B = \tan^{-1}(n_2/n_1)$ と導出される．

問 72　うなりの伝搬と波束の群速度【解答例】

波束とうなりは実空間と波数空間において，おおよそ図 9A.3 のように表される．

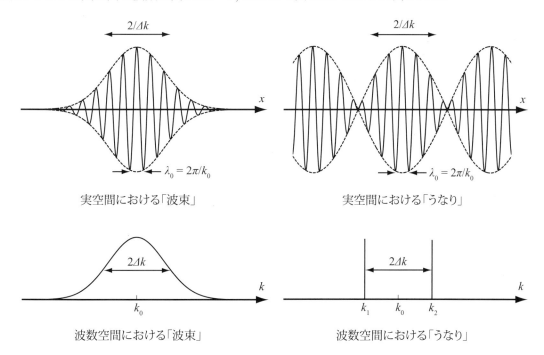

図 9A.3: 実空間および波数空間における「波束」と「うなり」の略図．

いま，Δk 程度の広がりではエネルギー分散の傾きがほとんど変わらないとすれば，k_1 および k_2 におけるエネルギーは近似的に以下のように表される．

$$E_1 \approx E_0 - \left.\frac{\partial E}{\partial k}\right|_{k=k_0} \Delta k$$

$$E_2 \approx E_0 + \left.\frac{\partial E}{\partial k}\right|_{k=k_0} \Delta k$$

ただし，E_0 は k_0 におけるエネルギーである．よって，うなりの波動関数は次のように書き換えられる．

$$\psi(x,t) \approx e^{i(k_0 x - E_0 t/\hbar)} \times 2\cos\left[\Delta k \left(x - \frac{1}{\hbar}\left.\frac{\partial E}{\partial k}\right|_{k=k_0} t\right)\right]$$

前の指数関数が位相 (細かい振動) を司り，後の余弦関数がうなりの振幅を表す．よって，前者および後者の速度が $v_{ph} = E_0/\hbar k_0$ および $v_g = (1/\hbar)(\partial E/\partial k)$ に対応することがわかる．

問 73　レーザーの発振原理【解答例】

例えば，3 準位もしくは 4 準位原子を電気的または光学的に励起することで，ある 2 準位間に反転分布を形成させる．これを光の共振器内に配置すると，自然放出によって発生した光が誘導放出によって増幅される．このとき，同位相で光が増幅されることからコヒーレントな光が共振器内に発生する．これが，レーザーの基本的な発振原理である．ただし，誘導放出の寄与が，乱雑な位相を持った光が発生する自然放出の寄与を上回る必要がある．

第10章 相転移【解答例】

問74 秩序変数と相転移【解答例】

(1) 相転移において秩序変数には符号の自由度が現れる. ただしその符号に応じて自由エネルギーは変化しない. もし自由エネルギーが秩序変数の符号に応じて変化してしまうならば, 符号に関する自由度は存在しないためである. いま P の奇数次項が有限である場合を考える. この時, $F(P) \neq F(-P)$ となるため秩序変数の符号に応じて自由エネルギーが変化してしまう. よって P の奇数次の係数 $\alpha(i)$ はゼロとなる.

(2) 平衡状態は自由エネルギーの最小として与えられるため, 与えられた自由エネルギーの表式より両辺を P に関して偏微分して,

$$\frac{\partial F}{\partial P} = \alpha_0 (T - T_\mathrm{C}) P + \beta P^3 = 0 \tag{10A.1}$$

$$\frac{\partial^2 F}{\partial P^2} = \alpha_0 (T - T_\mathrm{C}) + 3\beta P^2 > 0 \tag{10A.2}$$

を満たすことが平衡状態の条件である. 式 (10A.1) より $T > T_\mathrm{C}$ (I 相) においては, $P = 0$ が唯一の解であることがわかる. 一方, $T < T_\mathrm{C}$ (II 相) においては,

$$P = 0, \quad \pm \sqrt{\frac{\alpha_0 (T_\mathrm{C} - T)}{\beta}}$$

が式 (10A.1) を満たす. しかし式 (10A.2) より第 1 項が負であるから第 2 項は正でなければならない. よって $P \neq 0$ であり,

$$P = \pm \sqrt{\frac{\alpha_0 (T_\mathrm{C} - T)}{\beta}}$$

の時に平衡状態が実現される (II 相においては 2 つの解が存在するが, これは例えば強誘電体における電気分極の正負に関するドメイン, 強磁性体における磁化の正負に関するドメインに該当する). このときの $F(P)$ の概形を図 10A.1 に示す.

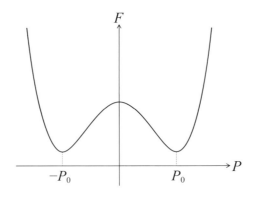

図 10A.1: $F(P)$ の概形

問75 ヘリウムの液化【解答例】

水素もヘリウムも凝縮 (液化) する際の凝集エネルギーは主に van der Waals 力を起源とする. 閉殻構造を持つヘリウム原子に比べ, 水素分子の方が電荷の空間的な偏りを生じやすい. したがって, 水素分子に比べ, ヘリウム原子間の van der Waals 力は小さくなると考えられる. この差異により, ヘリウムは温度降下による凝縮が起こりにくく, 水素より低温で液化することとなる.

問76 高温相から低温相への1次相転移【解答例】

表面張力によるエネルギー損失は界面の面積に比例する一方, 相変化によるエネルギー利得は体積に比例するため, 相転移による全体のエネルギー変化は,

$$\Delta E = -Ar^2 + Br^3$$

と表せる. ここで, A, B は係数であり, 利得を正としている. r の増加に伴い ΔE も大きくなるとき L 相が成長するため,

$$\frac{\mathrm{d}}{\mathrm{d}r}\Delta E = -2Ar + 3Br^2 > 0$$

となるとき, すなわち $r > 2A/3B$ のとき, L 相の核は自発的に成長し, それに満たない核は成長せず自然消滅する.

問77 合金における相転移【解答例】

(1) 代表例としては PbSn 合金が挙げられる. 多くの合金系では中間相を形成するため共析系や包晶系など様々な状態図が複雑に合わさりあって状態図は形成されている. Fe-C 系も炭素が低濃度 (0〜1.4 wt% 程度) の範囲や Ti-Ni 合金の Ni 濃度が 55% から 80% および 80% から 100% の範囲では, 共晶系を示す.

(2) 様々な組成 (図 10A.2 では便宜上, 組成は X_1, X_2, X_3 の3種のみとする) の合金を液体から冷却し, 時間に対するその温度変化を測定する. すると, 図 10A.2 のように冷却速度に変化が生じる. これは, 冷却による凝固に伴い潜熱を放出するためである. その速度の変化が相の境界となる. その境界をつなぐことで平衡状態図は作成される. なお, 図 10A.2 の a〜f 点はそれぞれ対応する点を示している.

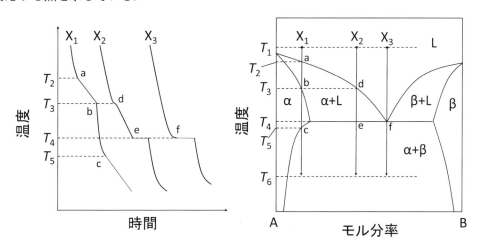

図 10A.2: 時間に対する温度変化と平衡状態図

第 10 章 相転移【解答例】

(3) X_1 の組成では，温度 T_2 で金属 A の α 相（初晶）が固相線（α 相と $\alpha + L$ 相の境界線）の示す濃度で晶出し始める．その後，冷却に伴って固相は固相線，液相は液相線（$\alpha + L$ 相と L 相の境界線）の示す濃度にしたがって変化する．さらに温度が低下し，温度 T_5 以下では平衡する α 相の金属 B の濃度が減少し（過飽和状態），β 相の析出が始まる．その後温度低下とともに α 相中の金属 B の濃度が α 相と $\alpha + \beta$ 相間の曲線に沿って低下し，β 相の金属 B の濃度が $\alpha + \beta$ 相と β 相間の曲線にしたがって上昇する．この場合，α 相が晶出してから β 相の析出が始まるため，α 相の中に β 相が偏析した状態となる．

X_2 の組成では，組成 X_1 の場合同様に温度 T_3 において金属 A の α 相（初晶）が固相線の示す濃度に沿って，液相は液相線の示す濃度にしたがって変化する．温度 T_4 以下では残った共晶点の濃度の液相から共晶反応で，α 相と β 相が同時に晶出する．つまり，α 相の初晶と共晶組織が混在する状態になる．

X_3 の組成では，共晶組織であるため温度が T_4 に下がるまでは，液体の状態で存在する．温度 T_4 で共晶反応により金属 A の α 固溶体とおよび金属 B の β 固溶体が同時に晶出する．この合金では初晶は現れず共晶組織のみとなる．

第11章 磁性【解答例】

問 78 帯磁率と磁化の温度依存性【解答例】

図 11A.1(a) に (1) 強磁性体の秩序領域での磁化の温度依存性を示す．室温で強磁性を示す単体金属としては，Fe, Co, Ni が挙げられる．

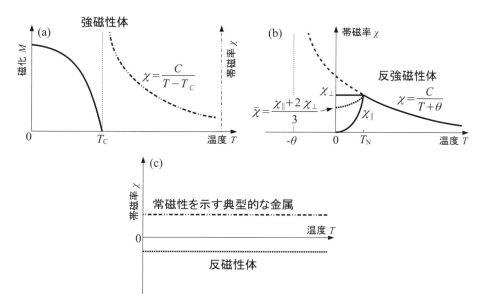

図 11A.1: (a) 強磁性体, (b) 反強磁性体, (c) 常磁性体における帯磁率の典型的な温度依存性

それぞれの物質が示す帯磁率の温度依存性についても図 11A.1 に示す．局在スピンを伴う物質の場合，常磁性領域における帯磁率 χ は温度 T に対して以下のような依存性を示す．(1) 強磁性体では図 (a) のように，Curie 温度 T_C より高温において Curie–Weiss の法則，

$$(1) \text{強磁性体} \quad \chi = \frac{C}{T - T_C} \quad (T > T_C)$$

に従う．C は Curie 定数と呼ばれる．(2) 反強磁性体では図 (b) のように，Néel 温度 T_N より高温において，

$$(2) \text{反強磁性体} \quad \chi = \frac{C}{T + \theta} \quad (T > T_N)$$

となる．Curie 温度 T_C に代わり，一般には Curie–Weiss 定数 (単に Weiss 定数とも呼ばれる) Θ として $\chi = C/(T - \Theta)$ と表され，反強磁性体では $\Theta = -\theta < 0$ となる．一方，秩序領域については，反強磁性体では図 (b) のように，スピンに対して垂直な方向の帯磁率 $\chi_\perp$ はほぼ温度に依存せず，平行な方向の帯磁率 $\chi_\parallel$ は温度と共に減少し，$T \to 0$ で $\chi_\parallel \to 0$ となる．ただし，多結晶では平均化され $\bar{\chi} = (\chi_\parallel + 2\chi_\perp)/3$ を示す．

局在スピンや伝導電子がない (3) 反磁性体では，Langevin 反磁性 (Larmor 反磁性) が支配的となる．それによる感受率は図 (c) のように温度にはほぼ依存せず，閉殻となっている原子軌道 i について，そ

らの空間的な分布 $\langle r_i^2 \rangle$ をすべて足し合わせ,

$$\text{(3) 反磁性体} \quad \chi = -\frac{\mu_0 e^2 n}{6m} \sum_i \langle r_i^2 \rangle$$

で表される. ここで, 帯磁率 χ は磁化 M と磁場 H を $M = \chi H$ で結びつける無次元の値であり, μ_0 は真空の透磁率, e は素電荷, m は電子質量, n は原子密度である.

(4) 常磁性を示す金属については, Fermi 温度 T_F より十分低温において, 帯磁率は図 (c) のように温度に依存せず, 自由電子に対しては,

$$\text{(4) 常磁性を示す金属} \quad \chi = \frac{3\mu_B^2 \mu_0 n_e}{2E_F}\left(1 - \frac{1}{3}\right) = \frac{\mu_B^2 \mu_0 n_e}{E_F} \quad (k_B T \ll E_F)$$

が得られる. ただし, n_e は電子密度, μ_B は Bohr 磁子, $E_F = k_B T_F$ は Fermi エネルギーである. 括弧の第 1 項は Pauli 常磁性 (スピン常磁性) の成分であり, 第 2 項は Landau 反磁性による減少分である. ただし, 電子状態が複雑になる実際の金属では, 帯磁率はこれらの値から一般に大きくずれる. また, Langevin 反磁性の寄与も効いてくる.

問 79　磁気モーメントの熱力学的解析【解答例】

磁場 H に平行なスピン成分を S_z とすれば, その磁気モーメントは $\mu = g\mu_B S_z$ と表され, エネルギーは $E = -\mu\mu_0 H$ だけ増減する. $g = 2$ とすれば, 磁場 H と同じ方向のスピン $S_z = 1/2$ と逆方向とスピン $S_z = -1/2$ のエネルギーはそれぞれ,

$$E_+ = -\mu_B \mu_0 H, \quad E_- = \mu_B \mu_0 H$$

であり, エネルギー準位は図 11A.2 のようになる.

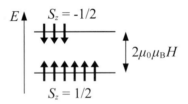

図 11A.2: 磁場中のスピンのエネルギー準位と占有数の模式図

Boltzmann 分布に従うとすれば, それぞれの占有数は,

$$N_+ = N\frac{e^{\mu_B \mu_0 H / k_B T}}{Z}, \quad N_- = N\frac{e^{-\mu_B \mu_0 H / k_B T}}{Z}$$

と書ける. ただし,

$$Z = e^{\mu_B \mu_0 H / k_B T} + e^{-\mu_B \mu_0 H / k_B T}$$

は分配関数である. よって, 熱平衡下における磁気モーメントは,

$$M = (N_+ - N_-)\mu_B = N\mu_B \frac{e^{\mu_B \mu_0 H / k_B T} - e^{-\mu_B \mu_0 H / k_B T}}{e^{\mu_B \mu_0 H / k_B T} + e^{-\mu_B \mu_0 H / k_B T}} = N\mu_B \tanh\left(\frac{\mu_B \mu_0 H}{k_B T}\right)$$

となる. $x \ll 1$ において $\tanh(x) \approx x$ と近似できることから, $\mu_B \mu_0 H \ll k_B T$ に対しては,

$$M \approx N\mu_B \frac{\mu_B \mu_0 H}{k_B T}$$

となる. 無次元量の帯磁率 χ,

$$\chi = \frac{M}{H} \approx \frac{N\mu_B^2 \mu_0}{k_B T}$$

は温度に反比例し, Curie の法則に一致する.

問 80　常磁性体の帯磁率【解答例】

(1) 磁化 M は以下のように計算できる.

$$M(H,T) = N\frac{\sum_{M_z=-J}^{M_z=J} -g_J\mu_B M_z \exp\left(-g_J\mu_B M_z\mu_0 H/k_B T\right)}{\sum_{M_z=-J}^{M_z=J} \exp\left(-g_J\mu_B M_z\mu_0 H/k_B T\right)}$$

$$= \frac{Nk_B T}{\mu_0}\frac{\partial}{\partial H}\ln\left[\sum_{M_z=-J}^{M_z=J}\exp\left(-\frac{g_J\mu_B M_z\mu_0 H}{k_B T}\right)\right]$$

$a = g_J\mu_B\mu_0 H/k_B T$ とおくと,

$$\sum_{M_z=-J}^{M_z=J}\exp(-aM_z) = \exp(aJ)\sum_{M_z=0}^{M_z=2J}\exp(-aM_z) = \exp(aJ)\frac{1-\exp[-a(2J+1)]}{1-\exp(-a)}$$

$$= \frac{\exp\left[a\left(J+\frac{1}{2}\right)\right]-\exp\left[-a\left(J+\frac{1}{2}\right)\right]}{\exp\left(\frac{a}{2}\right)-\exp\left(-\frac{a}{2}\right)} = \frac{\sinh\left[\frac{aJ(2J+1)}{2J}\right]}{\sinh\left(\frac{aJ}{2J}\right)}$$

$aJ = AH = Jg_J\mu_B\mu_0 H/k_B T$ とおくと,

$$M(H,T) = \frac{Nk_B T}{\mu_0}\frac{\partial}{\partial H}\ln\left\{\frac{\sinh\left[\frac{AH(2J+1)}{2J}\right]}{\sinh(\frac{AH}{2J})}\right\}$$

$$= \frac{Nk_B TA}{\mu_0}\left[\frac{2J+1}{2J}\coth\left(\frac{2J+1}{2J}AH\right) - \frac{1}{2J}\coth\frac{AH}{2J}\right]$$

となり, 以下の Brillouin 関数 (11.1) で表されることが分かり, 磁化 M の式 (11.2) が得られる.

$$B_J(x) = \frac{2J+1}{2J}\coth\frac{2J+1}{2J}x - \frac{1}{2J}\coth\frac{x}{2J}$$

(2) $Jg_J\mu_B\mu_0 H/k_B T \to 0$ のとき, $x \to 0$ で $\coth x \approx 1/x + x/3$ より,

$$B_J(x) \approx \frac{2J+1}{2J}\left(\frac{2J}{2J+1}\frac{1}{x} + \frac{2J+1}{2J}\frac{x}{3}\right) - \frac{x}{2J}\left(\frac{2J}{x} + \frac{1}{2J}\frac{x}{3}\right)$$

$$= \frac{(2J+1)^2-1}{4J^2}\frac{x}{3} = \frac{J+1}{J}\frac{x}{3}$$

であるので,

$$M(H,T) \approx Ng_J\mu_B J\frac{J+1}{J}\frac{1}{3}\left(\frac{Jg_J\mu_B\mu_0 H}{k_B T}\right) = \frac{NJ(J+1)g_J^2\mu_B^2\mu_0 H}{3k_B T}$$

$$\chi = \frac{M}{H} \approx \frac{NJ(J+1)g_J^2\mu_B^2\mu_0}{3k_B T}$$

$$C = T\chi \approx \frac{NJ(J+1)g_J^2\mu_B^2\mu_0}{3k_B}$$

(3) $Jg_J\mu_B\mu_0 H/k_B T \to \infty$ のとき, $x \to \infty$ で $\coth x \approx 1$ より,

$$B_J(x) \approx \frac{2J+1}{2J} - \frac{1}{2J} = 1$$

$$M = Ng_J\mu_B J$$

となり, 飽和磁化の値が求められる.

問 81　1軸異方性を有する反強磁性体【解答例】

(1) 問 80(2) の解答より $M = CH/T$. M を M_u, M_d へと置き換え, また式 (11.1) において $N \to N/2$ とすると,

$$M_u = \frac{C}{2T}H_u, \quad M_d = \frac{C}{2T}H_d$$

全体の磁化は, 式 (11.3) より, 以下の方程式を満たす.

$$M = M_u + M_d = \frac{C}{2T}(H_u + H_d) = \frac{C}{2T}(2H - AM)$$

したがって, 帯磁率は,

$$\chi = \frac{M}{H} = \frac{C}{T + \frac{CA}{2}}$$

Curie–Weiss 則の一般式 $\chi = C/(T - \Theta)$ と比較すると, Weiss 温度は,

$$\Theta = -\frac{CA}{2} < 0$$

温度に対する帯磁率変化を図示すると, $1/\chi = T/C + A/2$ より, 図 11A.3 のようになる.

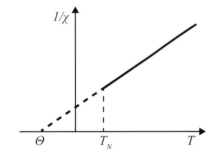 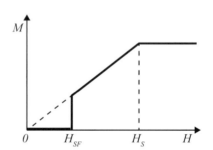

図 11A.3: 帯磁率の温度依存性　　図 11A.4: 容易軸方向に磁場を印加時の磁化の振る舞い

(2) 容易軸に平行に磁場を印加した場合を考える. 磁場が弱い場合は, 印加方向に対して物質内の各スピンが正負両方向を有しうるため, 磁化は打ち消し合い小さな値しか示さない. 一方, 磁場によるエネルギーが異方性エネルギーを上回ると, スピン全体の向きが 90° 回転し (スピンフロップ転移), 磁場の増加に伴い印加方向の磁化を有する磁区が拡大するようになり, 磁化は (温度に依存せず) 磁場に比例して増加する. ある値以上の磁場を印加すると物質内がただ 1 つの磁区となり, 飽和磁化に達する. なお, $H_A \gg H_E$ の場合は, メタ磁性転移をしてスピンフロップ転移をしない. 以上より, 磁場に対する磁化変化は図 11A.4 のようになる.

(3) スピンフロップ前の自由エネルギー F_1 は, $\theta_u = \theta_d = 0°$ より,

$$F_1 = -\frac{1}{2}\chi_\parallel H^2 + F_A = -\frac{1}{2}\chi_\parallel H^2 - K$$

スピンフロップ直後の自由エネルギー F_2 は, $\theta_u = \theta_d = 90°$ より,

$$F_2 = -\frac{1}{2}\chi_\perp H^2$$

H_{SF} では $F_1 = F_2$ となるため,

$$\frac{1}{2}\left(\chi_\perp - \chi_\parallel\right) H_{SF}^2 = K$$

$$\therefore H_{SF} = \sqrt{\frac{2K}{\chi_\perp - \chi_\parallel}}$$

問 82　マグノンの分散関係【解答例】

(1) p 番目の Heisenberg 相互作用は $U_p = -2J\bm{S}_p \cdot (\bm{S}_{p+1} + \bm{S}_{p-1})$ と書けるので，

$$g\mu_B \bm{S}_p \cdot (\mu_0 \bm{H}_p) = -2J\bm{S}_p \cdot (\bm{S}_{p+1} + \bm{S}_{p-1})$$

となり，有効磁場は以下のように表せる．

$$\bm{H}_p = -\frac{2J}{g\mu_B\mu_0}(\bm{S}_{p+1} + \bm{S}_{p-1})$$

(2) (1) で導いた有効磁場を用いて，

$$\hbar\frac{d\bm{S}_p}{dt} = \bm{\mu}_p \times (\mu_0 \bm{H}_p) = 2J\bm{S}_p \times (\bm{S}_{p+1} + \bm{S}_{p-1})$$

となる．ここで座標に対して順番づけられた一般的な記号 $(i,j,k) = (x,y,z),(y,z,x),(z,x,y)$ を導入すると，各成分に対する微分方程式は以下のようになる．

$$\begin{aligned}\hbar\frac{dS_p^i}{dt} &= 2J\left(S_p^j S_{p+1}^k - S_p^k S_{p+1}^j + S_p^j S_{p-1}^k - S_p^k S_{p-1}^j\right) \\ &= 2J\left[S_p^j\left(S_{p+1}^k + S_{p-1}^k\right) - S_p^k\left(S_{p+1}^j + S_{p-1}^j\right)\right]\end{aligned}$$

(3) スピンの z 成分が支配的である仮定の下，スピンの各成分に対する微分方程式を書き下す．微小量同士の積を無視することにより，各成分に対する線形微分方程式が以下のように得られる．

$$\begin{aligned}\hbar\frac{dS_p^z}{dt} &= 0 \\ \hbar\frac{dS_p^x}{dt} &= 2JS\left(2S_p^y - S_{p+1}^y - S_{p-1}^y\right) \\ \hbar\frac{dS_p^y}{dt} &= -2JS\left(2S_p^x - S_{p+1}^x - S_{p-1}^x\right)\end{aligned}$$

(4) 微分方程式の解として，$S_p^x = A_x e^{i(kpa-\omega t)}$, $S_p^y = A_y e^{i(kpa-\omega t)}$ を考える．(3) で得られた x, y 成分に対する微分方程式から，以下の連立代数方程式を得る．

$$i\hbar\omega A_x + 4JS(1-\cos ka)A_y = 0$$
$$4JS(1-\cos ka)A_x - i\hbar\omega A_y = 0$$

係数行列の行列式が 0 となる条件から，

$$\hbar\omega = 4JS(1-\cos ka)$$

となり，マグノンの分散関係が導かれる．分散関係を図 11A.5 に示す．

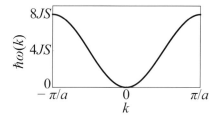

図 11A.5: マグノンの分散関係

問83　2次元Ising模型と平均場近似【解答例】

(1) 平均場近似により,
$$\mathcal{H} = -Jz\langle S\rangle \sum_i S_i + \frac{1}{2}JzN\langle S\rangle^2$$

これを1スピンあたりの平均の磁化 $m = \langle S\rangle$ を用いて書き換えると,
$$\mathcal{H} = -Jzm \sum_i S_i + \frac{1}{2}JzNm^2$$

を得る.

(2) カノニカル分布による分配関数 Z は $\beta = 1/(k_\mathrm{B}T)$ を用いて,
$$\begin{aligned}
Z &= \mathrm{tr}\exp(-\beta\mathcal{H}) \\
&= \mathrm{tr}\exp\left(\beta Jzm\sum_i S_i - \beta\frac{JzNm^2}{2}\right) \\
&= \prod_{i=1}^N \sum_{s=\pm 1}\exp(\beta Jzms)\exp\left(-\frac{\beta JzNm^2}{2}\right) \\
&= 2^N\cosh^N(\beta Jzm)\exp\left(-\frac{\beta JzNm^2}{2}\right)
\end{aligned}$$

以上から自由エネルギーを計算し,
$$F = -k_\mathrm{B}T\ln Z = -Nk_\mathrm{B}T\ln[\cosh(\beta Jzm)] + \frac{JzNm^2}{2}$$

を得る. これより $\partial F/\partial m = 0$ を満たす m が磁化となるので,
$$\begin{aligned}
\frac{\partial F}{\partial m} &= -NJz\tanh(\beta Jzm) + JzNm = 0 \\
m &= \tanh(\beta Jzm)
\end{aligned}$$

(3) この自己無撞着方程式から $m = 0$ 以外の解が得られるためには, 図11A.6のように $y = m$ と $y = \tanh(\beta Jzm)$ の交点が存在する必要があり,

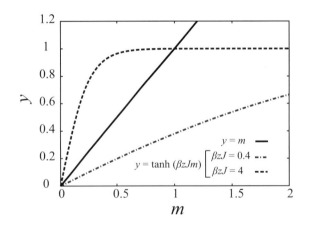

図11A.6: 平均場近似における $m \neq 0$ の磁化を得る条件

$$\frac{k_\mathrm{B}T}{Jz} < 1$$

を満たせばよい. そのため, 転移温度 T_c は,

$$T_c = \frac{Jz}{k_\mathrm{B}}$$

となる. 転移温度近傍においては $Jzm/k_\mathrm{B}T \ll 1$ と仮定できるため, $\tanh$ を3次までで Taylor 展開を行うと,

$$m = \sqrt{3}\frac{T}{T_c}\sqrt{\frac{T_c - T}{T_c}}$$

となり, これにより平均場近似の範囲内では, 臨界温度近傍で磁化は温度の2分の1のべき乗の振る舞いをすることがわかる. 磁化の転移温度やその近傍の振る舞いは, 実際の2次元 Ising 模型の厳密解のそれと異なる. 正方格子 Ising 模型では,

$$T_c = \frac{2J}{k_\mathrm{B}\log\left(1 + \sqrt{2}\right)}$$

となり (L. Onsager, *Phys. Rev.* **65**, 117 (1944)), この差異は平均場近似において δS_i の2次の項を落としたことに起因する.

問84 古典論における磁性 (Bohr–van Leeuwen の定理)【解答例】

(1) ハミルトニアンは以下のように書ける.

$$\mathcal{H} = \frac{1}{2m}\left(\boldsymbol{p} + e\boldsymbol{A}\right)^2$$

(2) (1) のハミルトニアンより, N 個の自由電子からなる系の分配関数 Z は以下のように書ける.

$$Z = \frac{1}{h^{3N}}\int\cdots\int\prod_{i=1}^{N}\exp\left(-\frac{\mathcal{H}_i}{k_\mathrm{B}T}\right)\mathrm{d}\boldsymbol{r}_1\cdots\mathrm{d}\boldsymbol{r}_N\mathrm{d}\boldsymbol{p}_1\cdots\mathrm{d}\boldsymbol{p}_N$$

ここで $\boldsymbol{p}$ の代わりに, $\boldsymbol{\Pi}(\equiv \boldsymbol{p} + e\boldsymbol{A})$ を用いると, 上式は,

$$Z = \frac{1}{h^{3N}}\int\cdots\int\prod_{i=1}^{N}\exp\left(-\frac{\boldsymbol{\Pi}_i^2}{2mk_\mathrm{B}T}\right)\mathrm{d}\boldsymbol{r}_1\cdots\mathrm{d}\boldsymbol{r}_N\mathrm{d}\boldsymbol{\Pi}_1\cdots\mathrm{d}\boldsymbol{\Pi}_N$$

となり, ベクトルポテンシャル $\boldsymbol{A}$ に無関係な式となる. このとき, 自由エネルギー F は,

$$F = -\frac{1}{\beta}\ln Z$$

であるため, 磁場によらないことになる. よって磁化 $M = -\partial F/\partial H$ は0となる.

問85 スピン軌道相互作用と Landé の g 因子【解答例】

(1) 軌道角運動量およびスピン角運動量の各成分に対して,

$$\left[\hat{L}_i, \hat{L}_j\right] = \mathrm{i}\hbar\varepsilon_{ijk}\hat{L}_k, \qquad \left[\hat{S}_i, \hat{S}_j\right] = \mathrm{i}\hbar\varepsilon_{ijk}\hat{S}_k$$

$$\varepsilon_{ijk} = \begin{cases} 1 & (i,j,k) = (x,y,z), (y,z,x), (z,x,y) \\ -1 & (i,j,k) = (x,z,y), (y,x,z), (z,y,x) \\ 0 & \text{otherwise} \end{cases}$$

第 11 章 磁性【解答例】

が成立する．よって $(i,j,k) = (x,y,z), (y,z,x), (z,x,y)$ に対して，

$$\begin{aligned}
\frac{\mathrm{d}\hat{L}_i}{\mathrm{d}t} &= \frac{\mathrm{i}}{\hbar}\left[\lambda \hat{\boldsymbol{L}}\cdot\hat{\boldsymbol{S}}, \hat{L}_i\right] \\
&= \frac{\mathrm{i}\lambda}{\hbar}\left[\hat{S}_j\left(\hat{L}_j\hat{L}_i - \hat{L}_i\hat{L}_j\right) + \hat{S}_k\left(\hat{L}_k\hat{L}_i - \hat{L}_i\hat{L}_k\right)\right] \\
&= -\lambda\left(-\hat{S}_j\hat{L}_k + \hat{S}_k\hat{L}_j\right) \\
&= \lambda\left(\hat{\boldsymbol{S}}\times\hat{\boldsymbol{L}}\right)_i \\
\frac{\mathrm{d}\hat{S}_i}{\mathrm{d}t} &= \frac{\mathrm{i}}{\hbar}\left[\lambda \hat{\boldsymbol{L}}\cdot\hat{\boldsymbol{S}}, \hat{S}_i\right] \\
&= \frac{\mathrm{i}\lambda}{\hbar}\left[\hat{L}_j\left(\hat{S}_j\hat{S}_i - \hat{S}_i\hat{S}_j\right) + \hat{L}_k\left(\hat{S}_k\hat{S}_i - \hat{S}_i\hat{S}_k\right)\right] \\
&= -\lambda\left(-\hat{L}_j\hat{S}_k + \hat{L}_k\hat{S}_j\right) \\
&= -\lambda\left(\hat{\boldsymbol{S}}\times\hat{\boldsymbol{L}}\right)_i
\end{aligned}$$

となるため，Heisenberg 方程式は，

$$\frac{\mathrm{d}\hat{\boldsymbol{L}}}{\mathrm{d}t} = \lambda\left(\hat{\boldsymbol{S}}\times\hat{\boldsymbol{L}}\right)$$

$$\frac{\mathrm{d}\hat{\boldsymbol{S}}}{\mathrm{d}t} = -\lambda\left(\hat{\boldsymbol{S}}\times\hat{\boldsymbol{L}}\right)$$

となる．

(2) $\hat{\boldsymbol{J}} = \hat{\boldsymbol{L}} + \hat{\boldsymbol{S}}$ なので (1) より，

$$\frac{\mathrm{d}\hat{\boldsymbol{J}}}{\mathrm{d}t} = \frac{\mathrm{d}\hat{\boldsymbol{L}}}{\mathrm{d}t} + \frac{\mathrm{d}\hat{\boldsymbol{S}}}{\mathrm{d}t} = 0$$

となり，$\boldsymbol{J}$ が保存量であることが示された．

(3) 希土類化合物では $4f$ 電子軌道が原子核近くの電子の存在確率を大きくし，かつイオン化した場合でも $4f$ 軌道の外側に $5s$ などの電子雲を有しているため，摂動の大きさが電子間 Coulomb 相互作用＞スピン軌道相互作用＞結晶場からのポテンシャルとなる．つまり，スピン軌道相互作用が無視できない大きさになるため，(1), (2) で示した通り，$\hat{\mathcal{H}}_{\mathrm{so}}$ と可換な物理量である合成角運動量の固有値が良い量子数となる．

(4) (a) (1) で導出したスピン角運動量に対する Heisenberg 方程式を，

$$\frac{\mathrm{d}\hat{\boldsymbol{S}}}{\mathrm{d}t} = -\lambda\left(\hat{\boldsymbol{S}}\times\hat{\boldsymbol{J}}\right)$$

と変形する．ここで $\hat{\boldsymbol{J}}$ の方向を z 軸として定義し，その大きさを J とすると，

$$\frac{\mathrm{d}\hat{S}_x}{\mathrm{d}t} = -\lambda J \hat{S}_y$$

$$\frac{\mathrm{d}\hat{S}_y}{\mathrm{d}t} = \lambda J \hat{S}_x$$

$$\frac{\mathrm{d}\hat{S}_z}{\mathrm{d}t} = 0$$

が成立する．このことから，スピン角運動量は $\boldsymbol{J}$ の周りを角振動数 $\omega = \lambda J$ で歳差運動することがわかる．軌道角運動量に対しても同様の議論が成立するため，全角運動量に対して垂直な磁気モーメント $\mu_\perp$ の時間平均は 0 となる．

(b) $\mu_\perp$ の時間平均が 0 であることから磁気モーメントに対する寄与を無視すると，

$$\hat{\boldsymbol{\mu}} = \hat{\boldsymbol{\mu}}_J = -g_J \mu_B \hat{\boldsymbol{J}}$$

が成り立つ．一方で $\hat{\boldsymbol{\mu}} = -\mu_B \left(\hat{\boldsymbol{L}} + g_e \hat{\boldsymbol{S}}\right)$ なので，

$$g_J \hat{\boldsymbol{J}} = \left(\hat{\boldsymbol{L}} + 2\hat{\boldsymbol{S}}\right)$$

となる．両辺に対して $\hat{\boldsymbol{J}}$ の内積をとり，全角運動量，軌道角運動量，スピン角運動量のそれぞれの固有値 J, L, S を用いて表現すると，

$$\begin{aligned}
\text{左辺} &= g_J \hat{\boldsymbol{J}}^2 = g_J J(J+1) \\
\text{右辺} &= \left(\hat{\boldsymbol{L}} + 2\hat{\boldsymbol{S}}\right) \cdot \left(\hat{\boldsymbol{L}} + \hat{\boldsymbol{S}}\right) \\
&= L(L+1) + 2S(S+1) + 3\hat{\boldsymbol{L}} \cdot \hat{\boldsymbol{S}} \\
&= L(L+1) + 2S(S+1) + \frac{3}{2}\left(\hat{\boldsymbol{J}}^2 - \hat{\boldsymbol{L}}^2 - \hat{\boldsymbol{S}}^2\right) \\
&= L(L+1) + 2S(S+1) + \frac{3}{2}[J(J+1) - L(L+1) - S(S+1)] \\
&= \frac{3}{2}J(J+1) - \frac{1}{2}L(L+1) + \frac{1}{2}S(S+1)
\end{aligned}$$

となる．よって，以下が導かれる．

$$g_J = \frac{3}{2} + \frac{S(S+1) - L(L+1)}{2J(J+1)}$$

問 86 希土類金属の角運動量と磁性【解答例】

表 11A.1 に答えをまとめる．導き方は以下の通りである．

表 11A.1: 希土類金属の全スピン角運動量の大きさ S，全軌道角運動量の大きさ L，全角運動量の大きさ J，基底多重項，Landé の g 因子 g_J，有効 Bohr 磁子数 μ_{eff}

	S	L	J	基底多重項	g_J	μ_{eff}
$\text{Ce}^{3+}(4f^1)$	$\frac{1}{2}$	3	$\frac{5}{2}$	$^2\text{F}_{5/2}$	$\frac{6}{7}$	2.54
$\text{Tb}^{3+}(4f^8)$	3	3	6	$^7\text{F}_6$	$\frac{3}{2}$	9.72
$\text{Yb}^{3+}(4f^{13})$	$\frac{1}{2}$	3	$\frac{7}{2}$	$^2\text{F}_{7/2}$	$\frac{8}{7}$	4.57

角運動量

基底状態における全スピン角運動量，全軌道角運動量，全角運動量の大きさは Hund の法則に基づいて計算される．ここで Hund の法則とは以下の 3 つの法則からなるものである．

- 第 1 法則：同じ電子配列から生じる状態については，多重度が最大となる状態が最も安定した状態となる．
- 第 2 法則：同じ電子配列で，かつ同じ多重度を持つ状態については，軌道角運動量が最大となる状態が最も安定した状態となる．
- 第 3 法則：外殻電子数が軌道の最大占有数の半分以下となる場合は，全角運動量の量子数が小さい状態ほど安定し，外殻電子数が軌道の最大占有数の半分以上となる場合は，全角運動量の量子数が大きい状態が安定となる．

これに基づいて計算を行うと，S, L, J は表 11A.1 のように求まる．

基底多重項

全軌道角運動量が $L=3$ であるため, 基底多重項を表現する記号は F となる. この記号の左上に $2S+1$ の値を表記し, 右下に全角運動量の値を表記することで, 基底多重項を表 11A.1 のように表現することができる.

Landé の g 因子

$$g_J = \frac{3}{2} + \frac{S(S+1) - L(L+1)}{2J(J+1)}$$

として与えられる. それぞれのイオンについて計算すると表 11A.1 のように求まる.

有効 Bohr 磁子数

磁気モーメントの大きさと Bohr 磁子の大きさの比として $\mu_{\text{eff}} = \mu/\mu_B$ として定義される. Landé の g 因子を用いることにより $\mu = g_J \mu_B \langle \hat{\boldsymbol{J}} \rangle$ と表すことができ, $\langle \hat{\boldsymbol{J}} \rangle = \sqrt{J(J+1)}$ なので,

$$\mu_{\text{eff}} = g_J \sqrt{J(J+1)}$$

となる. それぞれのイオンについて計算すると表 11A.1 のように求まる.

問 87 磁性イオンの磁気共鳴【解答例】

(1) ハミルトニアンは以下のように表される.

$$\hat{\mathcal{H}} = D\left[S_z{}^2 - \frac{S(S+1)}{3}\right] + g\mu_B \hat{\boldsymbol{S}} \cdot (\mu_0 \boldsymbol{H})$$

$$= D\left[S_z{}^2 - \frac{S(S+1)}{3}\right] + g\mu_B \mu_0 H S_z$$

$S = 3/2$ の $|3/2, 3/2\rangle, |3/2, 1/2\rangle, |3/2, -1/2\rangle, |3/2, -3/2\rangle$ の波動関数を用いてエネルギー固有値を求める永年方程式を作る. 固有状態を ϕ とすると,

$$|\phi\rangle = a\left|\frac{3}{2}, \frac{3}{2}\right\rangle + b\left|\frac{3}{2}, \frac{1}{2}\right\rangle + c\left|\frac{3}{2}, -\frac{1}{2}\right\rangle + d\left|\frac{3}{2}, -\frac{3}{2}\right\rangle$$

エネルギー固有値を λ とすると, $\hat{\mathcal{H}}|\phi\rangle = \lambda|\phi\rangle$. これより, $|3/2, 3/2\rangle = |\phi_1\rangle$, $|3/2, 1/2\rangle = |\phi_2\rangle$, $|3/2, -1/2\rangle = |\phi_3\rangle$, $|3/2, -3/2\rangle = |\phi_4\rangle$ とおいて, $\langle \phi_i | \hat{\mathcal{H}} | \phi_j \rangle = H_{ij}$ とすると,

$$\begin{pmatrix} H_{11} - \lambda & H_{12} & H_{13} & H_{14} \\ H_{21} & H_{22} - \lambda & H_{23} & H_{24} \\ H_{31} & H_{32} & H_{33} - \lambda & H_{34} \\ H_{41} & H_{42} & H_{43} & H_{44} - \lambda \end{pmatrix} \begin{pmatrix} a \\ b \\ c \\ d \end{pmatrix} = 0$$

$a = b = c = d = 0$ の解以外を持つためには, 永年方程式,

$$\begin{vmatrix} H_{11} - \lambda & H_{12} & H_{13} & H_{14} \\ H_{21} & H_{22} - \lambda & H_{23} & H_{24} \\ H_{31} & H_{32} & H_{33} - \lambda & H_{34} \\ H_{41} & H_{42} & H_{43} & H_{44} - \lambda \end{vmatrix} = 0$$

が成り立てばよい. ここで,

$$H_{11} = D + \frac{3}{2}g\mu_B \mu_0 H, \quad H_{22} = -D + \frac{1}{2}g\mu_B \mu_0 H,$$

$$H_{33} = -D - \frac{1}{2}g\mu_B \mu_0 H, \quad H_{44} = D - \frac{3}{2}g\mu_B \mu_0 H,$$

$$H_{ij} = 0 \quad (i \neq j)$$

と対角行列となることから,永年方程式は次のように書ける.

$$\left(D + \frac{3}{2}g\mu_B\mu_0 H - \lambda\right)\left(-D + \frac{1}{2}g\mu_B\mu_0 H - \lambda\right)$$
$$\times \left(-D - \frac{1}{2}g\mu_B\mu_0 H - \lambda\right)\left(D - \frac{3}{2}g\mu_B\mu_0 H - \lambda\right) = 0$$

したがって,固有値 λ は以下のようになる.

$$\lambda_{1,2} = D \pm \frac{3}{2}g\mu_B\mu_0 H, \quad \lambda_{3,4} = -D \pm \frac{1}{2}g\mu_B\mu_0 H$$

[**別解**] 昇降演算子を以下のように定義する.

$$\hat{S}_\pm \equiv \hat{S}_x \pm i\hat{S}_y$$

この昇降演算子 $\hat{S}_\pm$ を用いると,

$$\hat{S}|S, S_z\rangle = \sqrt{S(S+1)}|S, S_z\rangle$$
$$\hat{S}^2 = \hat{S}_x^2 + \hat{S}_y^2 + \hat{S}_z^2$$
$$\hat{S}_x^2 + \hat{S}_y^2 = \frac{\hat{S}_+\hat{S}_- + \hat{S}_-\hat{S}_+}{2}$$

の関係より,

$$S(S+1)|S, S_z\rangle = \left[\frac{\hat{S}_+\hat{S}_- + \hat{S}_-\hat{S}_+}{2} + \hat{S}_z^2\right]|S, S_z\rangle$$

と書き表せる.この関係を用いると,

$$\hat{\mathcal{H}} = D\left[\hat{S}_z^2 - \frac{S(S+1)}{3}\right] + g\mu_B\mu_0 \hat{\boldsymbol{S}} \cdot \boldsymbol{H}$$
$$= D\left[\hat{S}_z^2 - \frac{\frac{\hat{S}_+\hat{S}_- + \hat{S}_-\hat{S}_+}{2} + \hat{S}_z^2}{3}\right] + g\mu_B\mu_0 H S_z$$
$$= D\left[\frac{2}{3}\hat{S}_z^2 - \frac{\hat{S}_+\hat{S}_- + \hat{S}_-\hat{S}_+}{6}\right] + g\mu_B\mu_0 H S_z$$

ここで,

$$\hat{S}_+|S, S_z\rangle = \sqrt{(S-S_z)(S+S_z+1)}|S, S_z+1\rangle$$
$$\hat{S}_-|S, S_z\rangle = \sqrt{(S+S_z)(S-S_z+1)}|S, S_z-1\rangle$$

であるので,

$$\hat{S}_+\hat{S}_-|S, S_z\rangle = (S+S_z)(S-S_z+1)|S, S_z\rangle$$
$$\hat{S}_-\hat{S}_+|S, S_z\rangle = (S-S_z)(S+S_z+1)|S, S_z\rangle$$

となる.この式を用いると, $S=3/2$ の $|3/2, 3/2\rangle, |3/2, 1/2\rangle, |3/2, -1/2\rangle, |3/2, -3/2\rangle$ のそれ

第 11 章 磁性【解答例】

それの波動関数に対する固有値は，

$$\langle 3/2, 3/2|\hat{\mathcal{H}}|3/2, 3/2\rangle = D\left[\frac{2}{3}\left(\frac{3}{2}\right)^2 - \frac{3+0}{6}\right] + \frac{3}{2}g\mu_B\mu_0 H = D + \frac{3}{2}g\mu_B\mu_0 H$$

$$\langle 3/2, 1/2|\hat{\mathcal{H}}|3/2, 1/2\rangle = D\left[\frac{2}{3}\left(\frac{1}{2}\right)^2 - \frac{4+3}{6}\right] + \frac{1}{2}g\mu_B\mu_0 H = -D + \frac{1}{2}g\mu_B\mu_0 H$$

$$\langle 3/2, -1/2|\hat{\mathcal{H}}|3/2, -1/2\rangle = D\left[\frac{2}{3}\left(-\frac{1}{2}\right)^2 - \frac{3+4}{6}\right] - \frac{1}{2}g\mu_B\mu_0 H = -D - \frac{1}{2}g\mu_B\mu_0 H$$

$$\langle 3/2, -3/2|\hat{\mathcal{H}}|3/2, -3/2\rangle = D\left[\frac{2}{3}\left(-\frac{3}{2}\right)^2 - \frac{0+3}{6}\right] - \frac{3}{2}g\mu_B\mu_0 H = D - \frac{3}{2}g\mu_B\mu_0 H$$

(2) $D > 0$ として横軸に磁場 H，縦軸をエネルギーとしてエネルギー固有値の磁場変化は図 11A.7 のようになる．$\Delta m = \pm 1$ の遷移を固定すると右の両矢印のようになり，矢印の大きさが $h\nu$ である．したがって，

$$h\nu = D + \frac{3}{2}g\mu_B\mu_0 H_1 - \left(-D + \frac{1}{2}g\mu_B\mu_0 H_1\right) = 2D + g\mu_B\mu_0 H_1$$

$$\therefore H_1 = \frac{h\nu - 2D}{g\mu_B\mu_0}$$

$$h\nu = -D + \frac{1}{2}g\mu_B\mu_0 H_2 - \left(-D - \frac{1}{2}g\mu_B\mu_0 H_2\right) = g\mu_B\mu_0 H_2$$

$$\therefore H_2 = \frac{h\nu}{g\mu_B\mu_0}$$

$$h\nu = -D - \frac{1}{2}g\mu_B\mu_0 H_3 - \left(D - \frac{3}{2}g\mu_B\mu_0 H_3\right) = -2D + g\mu_B\mu_0 H_3$$

$$\therefore H_3 = \frac{h\nu + 2D}{g\mu_B\mu_0}$$

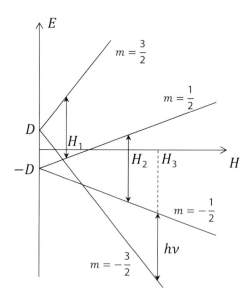

図 11A.7: エネルギー固有値の磁場変化

問88　遷移金属における軌道角運動量【解答例】

(1) 時間依存しない Schrödinger 方程式,
$$H\psi = E\psi$$
のエルミート共役,
$$H\psi^* = E\psi^*$$
は, 縮退がない場合同じエネルギーを持つ. つまり同じ状態を表すため, $c = \exp(\mathrm{i}b)$ を定数位相因子として,
$$\psi^* = c\psi$$
の関係にある. ここで $\psi = |\psi|\exp(\mathrm{i}a)$ として ψ を振幅 $|\psi|$ と位相 a とに分ける. 以上から,
$$\mathrm{e}^{\mathrm{i}(2a+b)} = 1$$
であり $2a + b = 2\pi N$ (N は整数) となる. よって,
$$\psi = |\psi|(-1)^N \mathrm{e}^{-\mathrm{i}b/2}$$
定数の位相因子 $\exp(-\mathrm{i}b/2)$ はゲージ変換で除けるため, ψ は実数にとることができる.

(2) 軌道角運動量の演算子は以下のように書ける.
$$l = \frac{\hbar}{\mathrm{i}}\left(\boldsymbol{r} \times \boldsymbol{\nabla}\right)$$
軌道角運動量が虚数を含んでいることに注意すると, 軌道角運動量の平均値は,
$$\langle \boldsymbol{L} \rangle_{av} = \int \phi \boldsymbol{L} \phi \mathrm{d}\tau = \int \phi^* \boldsymbol{L} \phi^* \mathrm{d}\tau = -\left(\int \phi \boldsymbol{L} \phi \mathrm{d}\tau\right)^* = -\langle \boldsymbol{L} \rangle_{av}^*$$
となる. これは, $\langle \boldsymbol{L} \rangle_{av} = 0$ でなければならないことを示している.

第12章 超伝導【解答例】

問89 BCS理論の定性的説明【解答例】

電子–フォノン間の相互作用を仲介として, Fermi 面付近の電子間に有効的な引力相互作用が働く場合を考える. これにより, 軌道角運動量, 重心運動量が 0 で, 反平行スピンを持つ電子対 (Cooper 対) が形成され, その対が凝縮した状態が超伝導状態である. Cooper 対の破壊には, 超伝導状態に転移したときのエネルギー利得に応じた, 有限のエネルギーが必要となるため, 対破壊に起因した準粒子励起には, 有限のギャップ (超伝導ギャップ) が存在することとなる.

問90 超伝導体の侵入長【解答例】

Ampère の法則 $\nabla \times \boldsymbol{B} = \mu_0 \boldsymbol{j}$ の両辺について rot をとると,

$$\nabla \times (\nabla \times \boldsymbol{B}) = \mu_0 \nabla \times \boldsymbol{j}$$

ベクトル公式 $\nabla \times (\nabla \times \boldsymbol{B}) = -\nabla^2 \boldsymbol{B} + \nabla (\nabla \cdot \boldsymbol{B})$, Maxwell 方程式の 1 つ $\nabla \cdot \boldsymbol{B} = 0$ を用いると,

$$(左辺) = -\nabla^2 \boldsymbol{B} + \nabla (\nabla \cdot \boldsymbol{B}) = -\nabla^2 \boldsymbol{B}$$

また London 方程式を用いると,

$$(右辺) = -\mu_0 n_s e^2 / m \boldsymbol{B}$$

よって $\Lambda_{\mathrm{L}} = \sqrt{\lambda_{\mathrm{L}}/\mu_0} = \sqrt{m/\mu_0 n_s e^2}$ とすると,

$$\nabla^2 \boldsymbol{B} = \frac{1}{\Lambda_{\mathrm{L}}{}^2} \boldsymbol{B}$$

となる. この微分方程式の一般解として, 超伝導体の深さ方向を表す z にのみ依存する関数を考える.

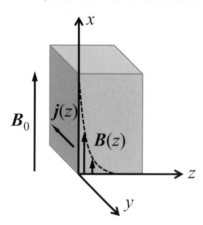

図 12A.1: 磁場中に置かれた超伝導体内の侵入磁束密度と電流の様子

簡単のため図 12A.1 のように $\boldsymbol{B} \parallel x$ とすると,

$$\boldsymbol{B}(z) = \left[C_1 \exp\left(\frac{z}{\Lambda_{\mathrm{L}}}\right) + C_2 \exp\left(-\frac{z}{\Lambda_{\mathrm{L}}}\right) \right] \boldsymbol{e}_x$$

ただし C_1, C_2 は定数, e_x は x 方向の単位ベクトル.
境界条件として $\boldsymbol{B}(0) = B_0 \boldsymbol{e}_x, \boldsymbol{B}(\infty) = 0$ を課すと,

$$\boldsymbol{B}(z) = B_0 \exp\left(-\frac{z}{\Lambda_L}\right) \boldsymbol{e}_x$$

また Ampère の法則より,

$$\boldsymbol{j} = \frac{1}{\mu_0} \boldsymbol{\nabla} \times \boldsymbol{B} = -\frac{B_0}{\mu_0 \Lambda_L} \exp\left(-\frac{z}{\Lambda_L}\right) \boldsymbol{e}_y$$

以上より磁束密度は超伝導体内部で指数関数的に著しく減衰し, 電流も表面付近にしか存在できないことが示された. Λ_L は London の侵入長と呼ばれており, 超伝導体内で磁束密度が侵入することのできる領域の大きさを特徴づけるものである.

問91　超伝導体における磁束の量子化【解答例】

(1) 与えられた線積分は経路を 1 周した場合の波動関数の位相差 $\Delta\phi$ を表す. 1 周する前の元の状態に戻らなければならないことから, 以下が要請される.

$$\Delta\phi = \oint_C \boldsymbol{\nabla}\phi(\boldsymbol{r}) \cdot \mathrm{d}\boldsymbol{l} = 2\pi n \quad (n = 0, \pm 1, \pm 2, \cdots)$$

(2) Stokes の定理とベクトルポテンシャルと磁束密度の関係式 $\boldsymbol{\nabla} \times \boldsymbol{A}(\boldsymbol{r}) = \boldsymbol{B}(\boldsymbol{r})$ を用いて, 以下のようになる.

$$\oint_C \boldsymbol{A}(\boldsymbol{r}) \cdot \mathrm{d}\boldsymbol{l} = \int_S \boldsymbol{\nabla} \times \boldsymbol{A}(\boldsymbol{r}) \mathrm{d}\boldsymbol{S} = \int_S \boldsymbol{B}(\boldsymbol{r}) \cdot \mathrm{d}\boldsymbol{S}$$

(3) 磁束より十分離れた位置で $\boldsymbol{j}_S = 0$, また $\int_S \boldsymbol{B}(\boldsymbol{r}) \cdot \mathrm{d}\boldsymbol{S}$ が超伝導を貫く磁束 ϕ_0 を表すため,

$$\phi_0 = \frac{\hbar}{2e} \times 2\pi n = \frac{h}{2e} n$$

が得られる. この結果は超伝導状態を貫く磁束は必ず $h/2e$ に比例した整数値をとらなければならないことを意味している. これを磁束の量子化という.

問92　超伝導体の分類と臨界磁場【解答例】

(1) 磁場を徐々に大きくすることを考える. 外部磁場が十分小さい間は, 第 I 種, 第 II 種超伝導体はともに完全反磁性を示す. 図 12A.2 のように, 第 I 種超伝導体では, 磁場を大きくしていくと, ある磁場 H_c で完全に超伝導状態が壊れて常伝導状態となり, 完全反磁性が消失するため磁束

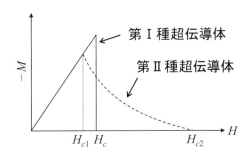

図 12A.2: 第 I 種, 第 II 種超伝導体内部での磁化の磁場依存性

第12章 超伝導【解答例】

が試料内部に入り込む. この磁場 H_c を臨界磁場という. 第II種超伝導体ではある磁場 (H_{c1}) を超えると徐々に磁束が試料内部に入り込み, 超伝導状態と常伝導状態が混ざり合った混合状態となる. この時の磁場を下部臨界磁場 H_{c1} という. さらに磁場を大きくしていくと, 超伝導体内部に入り込む磁束が増加することで超伝導状態を示す領域の占める体積が減っていく. さらに磁場を大きくすると, 混合状態における超伝導相によるエネルギー利得が0になり, 超伝導状態は消失する. このときの磁場を上部臨界磁場 H_{c2} という.

(2) 図 12.1 における磁束の配置を考えると, 1つの正三角形あたり 1/2 個の渦糸が入り込んでいる. 磁束は磁束密度 B と面積 S の積で表されるから,

$$\frac{\phi_0}{2} = BS = \frac{\sqrt{3}}{4} B d^2$$

これを d について解くと,

$$d = \sqrt{\frac{2\phi_0}{\sqrt{3}B}}$$

となる. なお, 例えば磁束密度が 1 [T] であったとすると, $d = 480$ [Å] となる.

問93 超伝導体における Cooper 対の形成機構【解答例】

(1) Schrödinger 方程式に Fourier 級数展開を代入し, $V^{-1/2} e^{-i\mathbf{k}' \cdot (\mathbf{r}_1 - \mathbf{r}_2)}$ を掛けて空間積分を実行することで, 以下を得る.

$$2 \left(\frac{\hbar^2 k^2}{2m} - \epsilon_F \right) \phi_\mathbf{k} + \sum_{\mathbf{k}'} U_{|\mathbf{k}-\mathbf{k}'|} \phi_{\mathbf{k}'} = \epsilon \phi_\mathbf{k}$$

(2) $C_k \equiv [2(\epsilon_k - \epsilon_F) - \epsilon] \phi_k$ は, 波数表示の Schrödinger 方程式から,

$$C_k = -\sum_{\mathbf{k}'} U_0(k, k') \phi_{k'}$$

$$= -\sum_{\mathbf{k}'} \frac{U_0(k, k')}{2(\epsilon_{k'} - \epsilon_F) - \epsilon} C_{k'}$$

$$= -\int_{\epsilon_F}^{\infty} D(\epsilon_{k'}) \frac{U_0(k, k')}{2(\epsilon_{k'} - \epsilon_F) - \epsilon} C_{k'} d\epsilon_{k'}$$

となる. ただし, 最後の等号は1スピンあたりの状態密度の定義式,

$$D(\epsilon) = \sum_\mathbf{k} \delta(\epsilon - \epsilon_k)$$

を用いて和を積分に書き換えた.

(3) 今の場合, カットオフエネルギーが小さいので積分区間内では状態密度は Fermi エネルギーでの値 $D(\epsilon_F)$ で置き換えてしまってよい. このことと,

$$C_k = C_0 \theta(\epsilon_c - |\epsilon_k - \epsilon_F|)$$

をあわせて, (2) の積分方程式は,

$$\frac{1}{\Gamma_0 D(\epsilon_F)} = -\int_0^{\epsilon_c} \frac{1}{2x - \epsilon} dx = \frac{1}{2} \ln \frac{2\epsilon_c - \epsilon}{-\epsilon}$$

と変形できる. ただし積分は, $x \equiv \epsilon_{k'} - \epsilon_F$ へと変数変換してから行った. したがって $\Gamma_0 \to 0$ の下で,

$$\epsilon = \frac{-2\epsilon_c}{\exp[2/(D(\epsilon_F)\Gamma_0)] - 1} \sim -2\epsilon_c \exp\left[\frac{-2}{D(\epsilon_F)\Gamma_0}\right]$$

となる. これにより, 無限小の引力により束縛状態が形成されることがわかる.

問94 Josephson 接合と超伝導リング【解答例】

(1) $\phi_n = \sqrt{\rho_n}\mathrm{e}^{\mathrm{i}\theta_n}$ を代入すると,

$$\frac{1}{2}\frac{1}{\rho_1}\frac{\partial \rho_1}{\partial t}\phi_1 + \mathrm{i}\frac{\partial \theta_1}{\partial t}\phi_1 = \frac{K}{\mathrm{i}\hbar}\phi_2$$

$$\frac{1}{2}\frac{1}{\rho_2}\frac{\partial \rho_2}{\partial t}\phi_2 + \mathrm{i}\frac{\partial \theta_2}{\partial t}\phi_2 = \frac{K}{\mathrm{i}\hbar}\phi_1$$

となる. $\delta = \theta_2 - \theta_1$ として式変形を行い,

$$\frac{1}{2}\frac{\partial \rho_1}{\partial t} + \mathrm{i}\rho_1\frac{\partial \theta_1}{\partial t} = \frac{K}{\mathrm{i}\hbar}\sqrt{\rho_1\rho_2}\mathrm{e}^{\mathrm{i}\delta}$$

$$\frac{1}{2}\frac{\partial \rho_2}{\partial t} + \mathrm{i}\rho_2\frac{\partial \theta_2}{\partial t} = \frac{K}{\mathrm{i}\hbar}\sqrt{\rho_1\rho_2}\mathrm{e}^{-\mathrm{i}\delta}$$

より,各式の実数成分と虚数成分が等しいので,

$$\frac{\partial \rho_1}{\partial t} = 2\frac{K}{\hbar}\sqrt{\rho_1\rho_2}\sin\delta$$

$$\frac{\partial \rho_2}{\partial t} = -2\frac{K}{\hbar}\sqrt{\rho_1\rho_2}\sin\delta$$

$$\frac{\partial \theta_1}{\partial t} = -\frac{K}{\hbar}\sqrt{\frac{\rho_2}{\rho_1}}\cos\delta$$

$$\frac{\partial \theta_2}{\partial t} = -\frac{K}{\hbar}\sqrt{\frac{\rho_1}{\rho_2}}\cos\delta$$

と計算される. このとき,
$$\frac{\partial \rho_1}{\partial t} = -\frac{\partial \rho_2}{\partial t} = 2\frac{K}{\hbar}\sqrt{\rho_1\rho_2}\sin\delta$$

であることが確認でき,電流値は $\dot{\rho}_1$ に比例するので $\theta_2 - \theta_1 = \delta$ に対して振動することが示された.

(2) (1) より P から Q に流れる電流は,

$$I = I_0\left[\sin(\theta_1 - \theta_2) + \sin(\theta_3 - \theta_4)\right]$$
$$= 2I_0\left[\sin\frac{(\theta_1 - \theta_2) + (\theta_3 - \theta_4)}{2}\cos\frac{(\theta_1 - \theta_2) - (\theta_3 - \theta_4)}{2}\right]$$
$$= 2I_0\sin\frac{(\theta_1 - \theta_2) + (\theta_3 - \theta_4)}{2}\cos\frac{e}{\hbar}\Phi$$

ここで Φ はリングを貫く磁束を表す.

$$\Phi = \oint \boldsymbol{A}\cdot\mathrm{d}\boldsymbol{r}$$

上記の式からリングを貫く磁束量に応じて流れる電流値が振動することがわかった. ただし $\sin[(\theta_1 - \theta_2) + (\theta_3 - \theta_4)/2] = 0$ の場合は除く. 電流の最大値は,

$$I_{max} = 2I_0\cos\left(\pi\frac{\Phi}{\Phi_0}\right)$$

と書ける. ここで $\Phi_0 = h/2e$ は磁束量子である.

(3) (2) の結果より磁場強度変化に対して高感度に電流値が変化することがわかる. そこで磁化を測定したい物質をこのリングの近くで振動させ,物質から漏れる磁場をリングに貫くようにすれば電流値の変化から物質の磁場を正確に測定することができる. これを超伝導量子干渉計 (Superconducting QUantum Interference Device: SQUID) といい,材料の評価や医療への応用など様々な分野で用いられている.

第13章 測定法【解答例】

問95 有効質量の測定法【解答例】

以下のような方法が考えられる.

(1) プラズマ角振動数 $\omega_p = (4\pi n e^2/m^*)^{1/2}$. ただし, キャリア密度 n は既知とする. プラズマ角振動数は光反射スペクトルや電子線エネルギー損失分光により求めることができる.

(2) サイクロトロン角振動数 $\omega_c = eB/m^*$. ここで, B は磁束密度である. サイクロトロン角振動数はサイクロトロン共鳴, Shubnikov–de Haas 効果, de Haas–van Alphen 効果, 量子 Hall 効果の測定により求められる.

(3) 電子比熱係数 $\gamma = \pi^2 k_B{}^2 D(E_F)/3$. ここで, k_B は Boltzmann 定数, $D(E_F)$ は Fermi エネルギーにおける電子状態密度である. $D(E_F)$ は, たとえば 3 次元自由電子的なバンド構造をしている場合は, 有効質量 m^* を用いて,

$$D(E_F) = 4\pi (2m^*)^{3/2} \left(\frac{L}{2\pi\hbar}\right)^3 E_F{}^{1/2}, \quad E_F = \frac{\hbar^2}{2m^*}\left(\frac{3\pi^2 N}{L^3}\right)^{2/3}$$

と表すことができる. ただし, L^3 は体積, N は全電子数である. これから,

$$\gamma = m^* \frac{\pi k_B L^3}{3\hbar^2} \left(\frac{3N}{\pi L^3}\right)^{1/3}$$

となり, 電子密度が変化しない場合, γ は m^* に比例する. 電子比熱係数は金属の比熱を低温領域で測定し, 温度に対して線形に変化する成分の傾きにより求められる.

(4) バンド分散 $E = \hbar^2 k^2/(2m^*)$. ここで k は電子の波数. 角度分解光電子スペクトルによりバンドの分散を測定し, その曲率から有効質量 m^* を求めることができる.

問96 バンドギャップの決定法【解答例】

解答例を挙げる.

(1) 光による電子励起: 価電子帯から伝導帯への電子遷移を分光した光により起こす. バンド間遷移を起こす最低の光エネルギー (基礎吸収端) がバンドギャップである. ただし低温では励起子遷移や不純物遷移もあり, また間接遷移型半導体ではフォノンのエネルギーも考慮しなければならない. 光の吸収を検出する手段には次のようなものがある.

  (a) 光吸収スペクトル, 透過スペクトル: 光を薄膜に透過させ, その減衰を測定する.
  (b) 光反射スペクトル: 光の反射率を測定し, 反射スペクトルから吸収スペクトルを計算する.
  (c) 光音響スペクトル: 試料が光を吸収すると熱が生じる. その温度変化を音として検知する.
  (d) 光伝導スペクトル: 半導体が光を吸収するとキャリアが生じる. それによる電気伝導度の変化を検知する.

(2) 電子緩和による発光：あらかじめ伝導帯に電子を励起しておき，それが伝導帯から価電子帯へ遷移するときに出る発光を分光する．バンド間遷移発光の最低の光エネルギーがバンドギャップである．この場合も励起子や不純物による発光と区別しなければならず，フォノンの影響も考慮しなければならない．励起状態を作る方法には次のようなものがある．

  (a) フォトルミネッセンス スペクトル：紫外光などの光によって励起する．
  (b) エレクトロルミネッセンス スペクトル：試料に電流を流すことによる．
  (c) カソードルミネッセンス スペクトル：電子線照射によって励起する．走査型電子顕微鏡レベルの空間分解能でバンドギャップを測定できる．

(3) 電子線による励起：電子線のエネルギーで価電子帯から伝導帯への電子遷移を起こすもの．

  (a) 電子線エネルギー損失分光：入射電子線のエネルギーと透過や反射する電子線のエネルギーとを比較し，その差から試料中の電子遷移のエネルギーを求める．エネルギー損失スペクトルから計算により光吸収スペクトルを求めることができるので，光吸収スペクトルと同じような情報が得られる．

(4) 熱による励起：半導体では伝導電子密度を n，正孔密度を p とすると，$np \propto \exp[-E_g/(k_B T)]$ の関係がある．ここで，E_g はバンドギャップエネルギー，k_B は Boltzmann 定数，T は温度である．真性半導体では $n \approx p \propto \exp[-E_g/(2k_B T)]$ となる．したがってキャリア数の温度依存性を測定すればバンドギャップエネルギーが求められる．

  (a) 電気伝導度：電気伝導度はキャリア数と易動度の積であるが，易動度の温度依存性は T のべき乗なので，電気伝導度の温度依存性はほぼ $\exp[-E_g/(2k_B T)]$ と見なすことができる．

(5) その他：

  (a) 光電子スペクトルと逆光電子スペクトル：光電子スペクトルで価電子帯から Fermi 準位までのエネルギーを求め，逆光電子スペクトルで Fermi 準位から伝導帯までのエネルギーを求め，両者の和をとる．

問97 核磁気共鳴法【解答例】

(1) 磁場中の原子核の磁気双極子モーメント (核スピン) は，磁場ベクトルの周りを一定の振動数 (Larmor 振動数) で歳差運動する．これと同じ振動数で回転磁場をかけると，弱磁場でもその磁場の周りに磁気モーメントを回転させることができる．この回転を誘起し，観測することにより，Larmor 振動数や歳差運動の緩和時間などを知ることができる．この現象を核磁気共鳴 (Nuclear Magnetic Resonance: NMR) と呼ぶ．

(2) 原子核の周りで運動している電子が余分な磁場を核位置に作り出すため，原子核の Larmor 振動数はわずかに影響を受ける．原子核の周りの電子の状態は，その原子の化学結合の仕方を反映しているので，物質によって Larmor 振動数のずれ (化学シフト) が異なる．これにより分子構造を特定することができる．例えば ^{1}H, ^{13}C, ^{15}N などの Larmor 振動数からこれらの原子が何と結合しているかを推定することができる．

(3) ハミルトニアンの具体的な形は，周囲に何も存在しない裸の核スピンがただ 1 つ存在する場合は，Zeeman 相互作用のみである．ところが，実際には周囲の電子や他のスピンとの相互作用が存在するので，ハミルトニアンにはさらに化学シフト項，スピン結合項，磁気双極子相互作用項，核四極子相互作用項などが付け加わる．その相互作用を通じて，物質の特性を支配する電子状態を間接的に調べることができる．特に，低エネルギーの励起を観測するため，Fermi 面付近の電子状態や低エネルギーのスピン揺らぎなどを観測できる．

問98 構造パラメータの解析法【解答例】

透過力の高いX線を試料に照射すると，スペックルと呼ばれる散乱パターンが得られる．構造規則性は低いため明瞭なピークは持たないが，この散乱強度は試料内部構造の電子密度分布を反映している．Braggの法則 $\lambda = 2d\sin\theta$ より，1 [nm] 〜 1 [µm] のある程度大きな構造の情報は小さな散乱角の散乱X線に含まれている．したがって，SAXS法では発生するスペックルの中でも中心付近の散乱パターンを測定することで，試料内部の比較的大きな構造情報の取得が可能である．

問99 温度の測定法【解答例】

熱電対，白金などの抵抗温度計，水銀系，放射温度計などがある．以下の項目または表13A.1を参照．

熱電対
　一般に金属はそれぞれ異なる熱電能を持つ．そのため図13A.1のように異なる二種の金属を接合して閉回路を作り，2つの接合点をそれぞれ T_c, T_h ($T_c < T_h$) という温度に保ったとすると，両接点間に起電力が生じ電流が流れる．これをSeebeck効果という．それぞれの金属の組み合わせにおける温度と起電力の関係を利用して，起電力を観測することで温度を知ることができる．

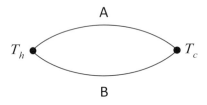

図 13A.1: 熱電効果の概念図

白金測温抵抗体
　固体の電気抵抗の温度依存性を利用する．基本的な原理はSiダイオードも同様．

ガラス製温度計
　ガラス管中に封入された液体が温度と共に膨張・収縮することを利用して体積を測定することで温度を測定する．

放射温度計
　黒体放射によって物体から生じる赤外線や可視光線といった熱放射の強度を測定して，物体の温度を測定する．

表 13A.1: 温度測定法の種類, 使用温度範囲, 精度, 特徴

種類	熱電対	白金測温抵抗体	水銀計	放射温度計
使用温度範囲	数K〜1000°C (種類による)	−200°C〜1000°C	−50°C〜650°C	−50°C〜2000°C (種類による)
精度	±0.15%	±0.001°C	±1目量	±3〜10°C
特徴	安定性が良い．機械的に丈夫なため，小さな箇所の測定が可能．	最も安定し使用範囲も広い．	安価だが破損しやすく振動衝撃に弱い．	非接触で高速で測定できる．環境に左右されやすく，精度はそれほどよくない．

問100　光電子分光の原理【解答例】

概念図を図 13A.2 に示す．振動数 ν の光のエネルギーは $h\nu$ である．このエネルギーが電子を Fermi 準位まで励起するエネルギー (E_B) および電子が Fermi 準位から真空準位に向かうエネルギー (ϕ) に使われ，残りが光電子の運動エネルギー E_K となる．よって，これらの間に成り立つエネルギー保存則は以下のように表される．

$$E_B = h\nu - E_K - \phi$$

光電子分光は，固体の仕事関数 ϕ が既知であることを利用して，光のエネルギー $h\nu$ を固定して外部光電効果を起こし，飛び出した光電子の運動エネルギー E_K を測定することで，エネルギー保存則から電子の束縛エネルギー E_B を求めることのできる測定手法である．

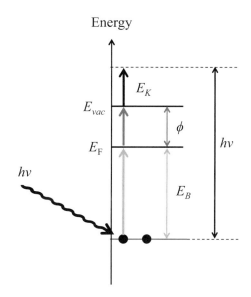

図 13A.2: 縦軸をエネルギーとしたときの外部光電効果の概念図．図中，E_F は Fermi 準位，E_{vac} は真空準位，$h\nu$ は光のエネルギー，E_B は束縛エネルギー，ϕ は仕事関数，E_K は運動エネルギーを表す．

本書に関するご意見，ご指摘などにつきましては，以下までご連絡下さい．

大阪大学インタラクティブ物質科学・カデットプログラム事務室

〒560-8531 大阪府豊中市待兼山町 1-3
E-mail: physics100@msc.osaka-u.ac.jp
URL: http://www.msc.osaka-u.ac.jp/

物性物理100問集

発 行 日	2016 年 11 月 30 日　初版第 1 刷	〔検印廃止〕
	2024 年 11 月 5 日　初版第 4 刷	
編　　者	大阪大学インタラクティブ物質科学・カデットプログラム 物性物理 100 問集出版プロジェクト	
監 修 者	木村剛・小林研介・田島節子	
発 行 所	大阪大学出版会 代表者　三成賢次	
	〒 565-0871 大阪府吹田市山田丘 2-7　大阪大学ウエストフロント 電話：06-6877-1614（直通）　FAX：06-6877-1617 URL　http://www.osaka-up.or.jp	
印刷・製本所	株式会社 遊文舎	

ⒸInteractive Materials Science Cadet Program 2016　　　　Printed in Japan
ISBN 978-4-87259-571-0　C3042

JCOPY〈出版者著作権管理機構 委託出版物〉
本書の無断複製は著作権法上での例外を除き禁じられています。複製される場合は、その都度事前に、出版者著作権管理機構（電話 03-5244-5088、FAX 03-5244-5089、e-mail: info@jcopy.or.jp）の許諾を得てください。

定数表

素電荷	$e = 1.6021766208(98) \times 10^{-19}$	C
電子の質量	$m_e = 9.10938356(11) \times 10^{-31}$	kg
陽子の質量	$m_p = 1.672621898(21) \times 10^{-27}$	kg
中性子の質量	$m_n = 1.674927471(21) \times 10^{-27}$	kg
Avogadro 定数	$N_A = 6.022140857(74) \times 10^{23}$	mol^{-1}
Planck 定数	$h = 6.626070040(81) \times 10^{-34}$	Js
換算 Planck 定数（Dirac 定数）	$\hbar = 1.054571800(13) \times 10^{-34}$	Js $(= h/2\pi)$
光速	$c = 2.99792458 \times 10^{8}$	m/s
Boltzmann 定数	$k_B = 1.38064852(79) \times 10^{-23}$	J/K
真空誘電率	$\varepsilon_0 = 8.854187817 \times 10^{-12}$	F/m
真空透磁率	$\mu_0 = 4\pi \times 10^{-7}$	N/A^2
Bohr 磁子	$\mu_B = 9.274009994(57) \times 10^{-24}$	J/T $(= e\hbar/2m_e)$

上記の値は 2014 CODATA 推奨値である．